塑料成型工艺与模具设计

主　编　孙　传

副主编　俞文斌　胡智土　褚建忠

ZHEJIANG UNIVERSITY PRESS
浙江大学出版社

图书在版编目（CIP）数据

塑料成型工艺与模具设计 / 孙传主编. —杭州：
浙江大学出版社，2015.6
ISBN 978-7-308-14689-0

Ⅰ．①塑… Ⅱ．①孙… Ⅲ．①塑料成型－工艺－中等
专业学校－教材②塑料模具－设计－中等专业学校－教材
Ⅳ．①TQ320.66

中国版本图书馆 CIP 数据核字（2015）第 097327 号

内容简介

本书以应用为目的，介绍各类塑料模具的设计技术、方法与技巧。全书共 13 章，分为两大部分。第一部分为基础知识篇，着重讲述塑料成型工艺及各种塑料模具的设计技术，包括塑料结构与性能、注射模结构、分型面及浇注系统设计、成型零部件设计、结构零部件设计、合模导向机构、顶出机构、侧向分型与抽芯机构、温度调节系统、压缩模设计、压注模设计、挤出模设计等。第二部分为项目实践篇，以企业真实的项目为案例来全面、详细讲述典型注塑模具(二板模)的设计过程和要点。

本教材可作为中职学校、技工院校模具设计与制造专业的教材，也可作为相关工程技术人员的参考用书。

塑料成型工艺与模具设计

主　编　孙　传

副主编　俞文斌　胡智土　褚建忠

责任编辑　杜希武
封面设计　刘依群
出版发行　浙江大学出版社
　　　　　（杭州市天目山路 148 号　邮政编码 310007）
　　　　　（网址：http://www.zjupress.com）
排　　版　杭州好友排版工作室
印　　刷　德清县第二印刷厂
开　　本　787mm×1092mm　1/16
印　　张　14.25
字　　数　349 千
版 印 次　2015 年 6 月第 1 版　2015 年 6 月第 1 次印刷
书　　号　ISBN 978-7-308-14689-0
定　　价　29.00 元

前　言

模具是制造业的一种基本工艺装备,它的作用是控制和限制材料(固态或液态)的流动,使之形成所需要的形体。用模具制造零件以其效率高,产品质量好,材料消耗低,生产成本低而广泛应用于制造业中。模具现在已经成为工业发展的基础,而塑料模占模具总量的比例达到35％～40％。随着我国经济的发展,国家经济建设持续稳定的发展,塑料制件的生产越来越广泛,塑料成型工业在基础工业中的地位日益重要。

本书根据对从事塑料制品生产和模具设计的工程技术人才的实际要求,针对中职学校、技工院校人才培养目标的准确定位,在市场调研和总结近几年模具专业课程教改的基础上撰写而成。本书系统介绍了各种塑料模具的设计技术,主要体现了近几年模具发展的新技术,以适应广大读者、中职及技工院校师生的需求。

本书共13章,分为两大部分:基础知识篇和项目实践篇。第1～12章为模具设计基础知识篇,其中:第1章主要介绍高聚物的分子结构和特性、热力学性能及在成型过程中的变化、塑料的组成与分类、工艺性能等;第2章介绍塑料模的分类和基本结构;第3章介绍分型面的选择、浇注系统的设计;第4章介绍成型零部件设计;第5章介绍结构零部件设计;第6章介绍合模导向机构设计;第7章介绍顶出机构设计;第8章介绍侧向分型与抽芯机构的设计;第9章介绍了温度调节系统的设计;第10章介绍压缩模的基本结构及设计方法;第11章介绍压注模的基本结构及设计方法;第12章介绍挤出模的组成、基本结构及设计计算方法;第13章为项目实践篇,主要以案例分析的方法讲述典型的二板模注塑模具的设计方法。

全书将塑料成型工艺和塑料模具设计融为一体,内容力求理论联系实际,反映国内外先进水平,适应中职学校、技工院校的教学要求,旨在培养中职学校、技工院校学生综合分析和解决问题的能力。

书中安排有真实企业模具设计案例,内容通俗易懂,实用且方便教学。适用于中职学校、技工院校"塑料成型工艺与模具设计"课程的教材,也可供有关工程技术人员参考。

本书由孙传、俞文斌、胡智土、褚建忠、刘力行、包亦平、范建锋、应神通等编写,其中孙传为本书主编,俞文斌、胡智土、褚建忠为副主编。限于编写时间和编者的水平,书中必然会存在需要进一步改进和提高的地方。我们十分期望读者及专业人士提出宝贵意见与建议,以便今后不断加以完善。我们的联系方式:sunchuan1@tom.com。

我们谨向所有为本书提供大力支持的有关学校、企业和领导,以及在组织、撰写、研讨、修改、审定、打印、校对等工作中做出奉献的同志表示由衷的感谢。

最后,感谢浙江大学出版社为本书的出版所提供的机遇和帮助。

作 者

2014 年 7 月

目　　录

基础知识篇

项目实践篇

基础知识篇

第1章 塑料结构与性能

塑料是以高分子聚合物(树脂)为主要成分的物质,高分子聚合物也称高聚物。要了解塑料的性能和特点,研究塑料成型工艺,正确设计塑料成型模具,就必须认识高分子聚合物的结构、热力学性能、流变学性质、成型过程中的流动行为和物理及化学变化。

1.1 高分子聚合物的结构特点

高聚物的结构是非常复杂的,在早期由于受生产和科学技术水平的限制和认识上的错误理解,曾把高分子看成是小分子的简单堆积。随着高分子工业的发展及近代科学技术的进步,人们对高分子结构的探究也在不断深化。

高分子聚合物的相对分子量一般都大于104,高分子聚合物基本是由低分子化合物的单体经过聚合反应形成。高分子的链结构单元的化学组成是指聚合成高分子链的结构单元的化学结构。比如,聚乙烯分子式为$[-CH_2-CH_2-]_n$,其中$-CH_2-CH_2-$即为聚乙烯的单元体。n为结构单元的个数,称为聚合度。聚合度越大,聚合物高分子的相对分子量越高。但是同一聚合物内的分子量不是单一的,各个大分子的相对分子量因聚合度的不同而有差异,这种现象称为聚合物相对分子量的多分散性。

聚合物高分子基本属于长链状结构,聚合物分子的链结构不同,其性质也不同。线型聚合物的分子链呈不规则的线状且聚合物大分子是由一根根分子链组成的,如图1-1(a)所示,也包括带有支链的线型聚合物,如图1-1(b)所示,其物理特性是具有弹性和塑性,在适当的溶剂中可溶胀或溶解,随温度的不断升高,聚合物微观表现为分子链逐渐由链段运动乃至整个分子链的运动,宏观表现为聚合物逐渐开始软化乃至熔化而流动。体型聚合物的大分子链之间形成立体网状结构,它具有脆性,弹性较高,塑性较低,成型前是可溶可熔的,一旦成型固化后就成为既不溶解也不熔融的固体,如图1-1(c)所示。

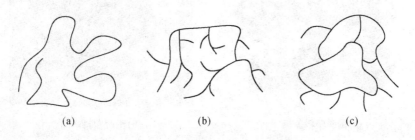

(a)   (b)   (c)

图 1-1　聚合物大分子链结构示意图

1.2 塑料的分类

1.2.1 按合成树脂的分子机构及其特性分类

1. 热塑性塑料

热塑性塑料是由可以多次反复加热而仍然具有可塑性的合成树脂制得的塑料。这类塑料的合成树脂分子结构呈线型或支链型,受热后能软化或熔融,从而可以进行成型加工,冷却后固化。如再加热,又可重新加工,可重复多次。常见的热塑性塑料有聚乙烯、聚丙烯、聚苯乙烯、聚氯乙烯、有机玻璃、聚酰胺等,如图 1-2(a)、1-2(b)所示。

(a) 电话机壳(材料:ABS)   (b) 托盘(材料:聚丙烯)

图 1-2　热塑性塑料产品

2. 热固性塑料

热固性塑料是由加热硬化的合成树脂制得的塑料,这类塑料的合成树脂分子结构的支链型呈网状。在开始加热时其分子结构为线型或支链型,受热后这些分子逐渐结合成网状结构(交联反应),成为即不熔化又不溶解的物质,称为体型聚合物。即使加热到分解温度也无法熔化。常用的热固性塑料有酚醛塑料、氨基塑料、环氧树脂、脲醛塑料等,如图 1-3所示。

(a)酚醛塑料盖板   (b)酚醛塑料产品

图 1-3　热固性塑料产品

1.2.2 按塑料用途分类

1. 通用塑料

通用塑料是一种非结构性塑料,产量大,价格低,性能一般。这类塑料通常有聚乙烯、聚丙烯、聚苯乙烯、聚氯乙烯、酚醛塑料和氨基塑料等。一般用于生活用品,包装材料,如图1-4(a)、1-4(b)所示。但随着塑料改性工业的发展,有些通用塑料的性能得到了极大的提高,也可以应用到某些工业领域,比如经过改性的聚丙烯已经在汽车工业中得到了广泛的使用。

(a) 聚丙烯花盆　　　　　　　　　　(b) 聚乙烯薄膜

图 1-4　通用塑料产品

2. 工程塑料

与通用塑料相比,工程塑料具有优异的力学性能、电性能、化学性能以及耐热性、耐磨性和尺寸稳定性等。常见的塑料有聚甲醛、聚酰胺、聚碳酸酯、聚苯醚、ABS、聚四氟乙烯、有机玻璃等,其中 ABS、聚碳酸酯、聚酰胺、聚甲醛被称为"四大工程塑料",工程塑料广泛应用到汽车、机械、化工等部门的机械零件和工程结构零件中,如图 1-5(a)、1-5(b)所示。

(a) 聚酰胺滚轮　　　　　　　　　　(b) 聚碳酸酯潜水镜片

图 1-5　工程塑料产品

3. 特种塑料

特种塑料是指具有某些特殊性能的塑料。这类塑料具有很高的耐热性或高的绝缘性及耐腐蚀性能等。例如聚四氟乙烯,如图1-6所示,是当今世界上耐腐蚀性能最佳材料之一,因此得"塑料王"之美称。它能在任何种类化学介质(包括王水)长期使用,它的产生解决了我国化工、石油、制药等领域的许多问题,其他塑料相比具有耐化学腐蚀与耐温优异的特点,它已被广泛地应用作为密封材料和填充材料。这类塑料主要包括氟塑料、聚酰亚胺塑料、有机硅塑料和环氧树脂等。

图1-6 聚四氟乙烯阀门

1.3 塑料成型的工艺特性

塑料的成型工艺性有很多,除了前面讨论过的热力学性能、结晶性及取向性外,塑料的收缩性、流动性、相容性、吸湿性及热稳定性等都属于它的成型工艺特性。

1.3.1 塑料的成型收缩性

塑料制件从模具中取出冷却后一般都会出现尺寸缩减的现象,这种塑料成型冷却后发生体积收缩的特性称为塑料的成型收缩性。影响收缩的因素很多,如塑料本身的热胀冷缩性、模具结构及成型工艺条件等。

影响收缩率的因累有很多,如塑料品种、成型特征、成型条件及模具结构等。首先,不同种类塑料的收缩率各不相同;同一种塑料,由于塑料的型号不同收缩率也会发生变化。其次,收缩率与所成型塑件的形状、内部结构的复杂程度、是否有嵌件等都有很大关系。再者,成型工艺条件也会影响塑件的收缩率,例如,成型时如果料温过高,则塑件的收缩率增大;成型压力增大,塑件的收缩率减小。总之,影响塑料成型收缩性的因素很复杂,要想改善塑料的成型收缩性,不仅需要在选择原材料时就需慎重,而且在模具设计、成型工艺的确定等多方面因素都需认真考虑,才能使生产出的产品质量更高,性能更好。常见塑料的成型收缩率如表1-1。

表1-1 常见塑料的成型收缩率

塑料名称	收缩率(%)	塑料名称	收缩率(%)
高密度聚乙烯	1.5~3.5	聚甲醛	1.8~2.6
低密度聚乙烯	1.5~3.0	尼龙6	0.7~1.5
聚丙烯	1.0~3.0	尼龙66	1.0~2.5
聚苯乙烯	0.4~0.6	TPU	1.2~2.0
ABS	0.4~0.7	PMMA	0.5~0.7
聚碳酸酯	0.5~0.7	PBT	1.3~2.2

1.3.2　塑料的流动性

塑料的流动性是指聚合物成型过程中在一定温度和一定压力下塑料熔体充填模具型腔的能力。塑料的品种、成型工艺和模具结构等是影响流动性的主要因素。

塑料的流动性与塑料树脂本身的分子结构、塑料原材料的组成(即所用的各种塑料添加剂的种类、数量等)有很大关系。不同的塑料流动性也各异,同一种塑料,型号不同流动性也不同。成型工艺条件对塑料的流动性有很大影响,熔体和模具温度提高、成型压力增大,都会使流动性提高。此外,模具型腔简单,成型表面光滑,有利于改善流动性。

热塑性塑料用熔融指数的大小来表示流动性的好坏。熔融指数采用熔融指数测定仪(见图1-7)进行测定:将被测塑料装入到测定仪中的加热料筒,进行加热,在一定压力和一定温度下,10min内从下面的小孔中挤出塑料的克数表示熔融指数的大小。挤出塑料的克数愈多,流动性愈好。

热固性塑料采用如图1-8所示的拉西格测定模测定其流动性,将定量的热固性塑料原材料放入拉西格测定模中,在一定压力和一定温度下,测定其从拉西格测定模下面小孔中挤出塑料的长度(mm)值来表示热固性塑料流动性的好坏。挤出塑料愈长,流动性愈好。此外,表观黏度和流动距离比的大小也能衡量某种塑料流动性的好坏。

1.3.3　塑料的相容性

塑料的相容性又称为塑料的共混性,不同金属可以做成金属合金,从而得到纯金属所不及的性能优良的新材料。同样,不同的塑料进行共混以后,也可以得到单一塑料所无法拥有的性质。这种塑料的共混材料通常称为塑料合金。相容性是指两种或两种以上的塑料共混后

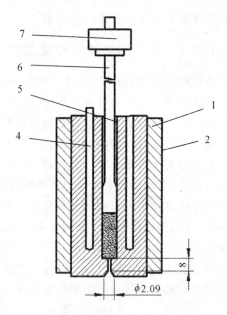

1—热电偶测温管;2—料筒;3—出料孔;
4—保温层;5—加热棒;6—柱塞;7—压柱
图 1-7　熔融指数测定仪示意图

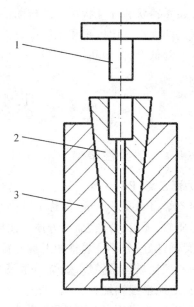

1—压柱;2—模腔;3—模套
图 1-8　拉西格流动性测定模

得到的塑料合金,在熔融状态下各种参与共混的塑料组分之间不产生分离现象的能力。如果它们的相容性好,则可能形成均相体系;如果相容性不好,塑料共混体系可能会形成多相

结构。通常分子结构相似的塑料之间较易相容,如高压聚乙烯(LDPE)、低压聚乙烯(HDPE)、聚丙烯之间较易相容,而分子结构不同较难相容,如聚丙烯与聚苯乙烯之间要实现相容就需要特殊的技术进行共混。

1.3.4 塑料的热敏性和吸湿性

热敏性是指塑料在受热、受压时的敏感程度,也可称为塑料的热稳定性。通常,当塑料在高温或高剪切力等条件下工作时,大分子热运动加剧,有可能导致分子链断裂,导致塑料的降解、变色等缺陷,具有这种特性的塑料称为热敏性塑料。

塑料的热敏性对塑料的加工成型影响很大,因此生产中为了防止热敏性塑料在成型过程中受热分解等现象发生,通常在塑料中添加一些抗热敏的热稳定剂,并且控制成型生产的温度。此外,合理的模具设计也可有效降低塑料的热敏反应。

吸湿性是指塑料对水的亲疏程度。有的塑料很容易吸附水分,有的塑料吸附水分的倾向不大,这与塑料本体分子结构有关。例如聚酰胺、聚碳酸酯等具有较强的吸湿倾向。而比如聚乙烯等,对水几乎不具有吸附力。塑料的吸湿性对塑料的成型加工影响也很大,会导致塑料制品表面产生银丝、气泡等缺陷,严重影响塑料制品的质量。因此,在塑料成型加工前,通常都要对那些易吸湿的塑料进行烘干处理,以确保塑料制件的质量令人满意。

1.3.5 塑料的比容和压缩率

比容和压缩率主要针对热固性塑料而言。比容是指单位质量的松散塑料所占有的体积,其单位为 cm^3/g;压缩率是指塑料的体积与塑件的体积之比,其值恒大于1。比容和压缩率都表示粉状和纤维状塑料的松散性,在热固性塑料压缩或压注成型时,用它们来确定模具加料室的大小。比体积和压缩率较大时,塑料内气体多,成型时排气困难,成型周期变长,生产效率降低;比体积和压缩率较小时,压缩、压注容易,而且压锭重量比较准确。

1.4 常用塑料

1.4.1 热塑性塑料

1. 聚乙烯(PE)

聚乙烯(Polyethylene,简称PE)是塑料中产量最大的、日常生活中使用最普通的一种,特点是质软、无毒、价廉、加工方便。注射用料为乳白色颗粒。由于主链为 C—C 键结构,无侧基,柔顺性好,分子呈规整的对称性排列,所以是一种典型的结晶高聚物。

聚乙烯比较容易燃烧,燃烧时散发出石蜡燃烧味道,火焰上端黄色、下端蓝色,熔融滴落,离火后能继续燃烧。

目前大量使用的 PE 料主要有两种,即高密度聚乙烯(HDPE)和低密度聚乙烯(LDPE)。

(1)HDPE 和 LDPE 的基本性能:

HDPE(高密度聚乙烯)分子结构中支链较少,相对密度 $0.94g/cm^3 \sim 0.965g/cm^3$,结晶度 $80\% \sim 90\%$。其最突出的性能是电绝缘性优良,耐磨性、不透水性、抗化学药品性都较好,在 60℃ 下几乎不溶于任何溶剂;耐低温性良好,在 -70℃ 时仍有柔软性。

缺点主要有:耐骤冷骤热性较差,机械强度不高,热变形温度低。

HDPE 主要用来制作吹塑瓶子等中空制品,其次用作注塑成型,制作周转箱、旋塞、小载荷齿轮、轴承、电气组件支架等,如图 1-9(a)所示。

LDPE(低密度聚乙烯)分子结构之间有较多的支链,密度 $0.910g/cm^3 \sim 0.925g/cm^3$,结晶度 55%~65%。易于透气透湿,有优良的电绝缘性能和耐化学性能,柔软性、伸长率、耐冲击性、透光率比 HDPE 好,机械强度稍差,耐热性能较差,不耐光和热老化。

大量用作挤塑包装薄膜、薄片、包装容器、电线电缆包皮和软性注塑、挤塑件,如图 1-9(b)所示。

(a) 高密度聚乙烯波纹管

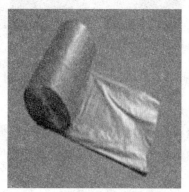

(b) 低密度聚乙烯薄膜

图 1-9　聚乙烯产品

HDPE、LDPE 在性能上的相同点:

1)吸水率较低,成型加工前可以不进行干燥处理。

2)聚乙烯为剪敏性材料,黏度受剪切速率的影响更明显。

3)收缩率较大且方向性明显,制品容易翘曲变形。

4)由于聚乙烯是结晶型聚合物,它的结晶均匀程度直接影响到制品密度的分布。所以,要求模具的冷却水布置尽可能均匀,使密度均匀,保证制品尺寸和形状精度。

(2)模具设计时注意点

1)聚乙烯分子有取向现象,这将导致取向方向的收缩率大于垂直方向的收缩率而引起的翘曲、扭曲变形,以及对制品性能产生的影响。为了避免这种现象,模具设计时应注意浇口位置的确定和收缩率的选择。

2)聚乙烯质地柔软光滑,易脱模。对于侧壁带浅凹槽的制品,可采取强行脱模的方式进行脱模。

3)由于聚乙烯流动性较好,排气槽的深度应控制在 0.03mm 以下。

2. 聚丙烯(PP)

聚丙烯(PP)由丙烯聚合而成,属于结晶形高聚物,有着质轻、无毒、无味的特点,而且还具有耐腐蚀、耐高温、机械强度高的特点。注射用的聚丙烯树脂为白色、有蜡状感的颗粒。

聚丙烯容易燃烧,火焰上端呈黄色,下端蓝色,冒少量黑烟并熔融滴落,离火后能继续燃

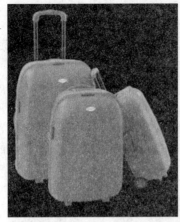

| (a) 聚丙烯旅行箱包 | (b) 改性聚丙烯汽车保险杠 |

图 1-10　聚丙烯产品

烧,散发出石油味。

聚丙烯大致分为单一的聚丙烯均聚体和改进冲击性能的乙烯—丙烯共聚体两种。共聚的聚丙烯制品(图 1-10)其耐冲击性比均聚聚丙烯有所改善。

(1)PP 性能上的主要优点

1)由于在熔融温度下流动性好,成型工艺较宽,且各向异性比 PE 小,故特别适于制作各种形状简单的制品,制品的表面光泽、染色效果、外伤痕留等方面优于 PE 料。

2)通用塑料中,PP 的耐热性最好。其制品可在 100℃ 下煮沸消毒,适于制成餐具、水壶等及需要进行高温灭菌处理的医疗器械。热变形温度为 100℃～105℃,可在 100℃ 以上长期使用。

3)屈服强度高,有很高的弯曲疲劳寿命。用 PP 制作的活动铰链,在厚度适当的情况下(如 0.25～0.5mm),能承受 7000 万次的折叠弯曲而未有大的损坏。

4)密度较小,为目前已知的塑料中密度最小的品种之一。

(2)PP 性能的主要缺点

1)由于是结晶聚合物,成型收缩率比无定形聚合物如 PS、ABS、PC 等大。成型时尺寸又易受温度、压力、冷却速度的影响,会出现不同程度的翘曲、变形,厚薄转折处易产生凸陷,因而不适于制造尺寸精度要求高或易出现变形缺陷的产品。

2)刚性不足,不宜作受力机械构件。特别是制品上的缺口对应力十分敏感,因而设计时要避免尖角缺口的存在。

3)耐候性较差。在阳光下易受紫外线辐射而加速塑料老化,使制品变硬开裂、染色消退或发生迁移。

(3)模具设计注意点

1)成型收缩率大,选择浇口位置时应满足熔体以较平衡的流动秩序充填型腔,确保制品各个方向的收缩一致。

2)带铰链的制品应注意浇口位置的选择,要求熔体的流动方向垂直于铰链的轴心线。

3)由于 PP 的流动性较好,排气槽深度不可超过 0.03mm。

3. 聚苯乙烯(PS)

聚苯乙烯(PS)是一种无定形透明的热塑性塑料。聚苯乙烯容易燃烧，火焰为橙黄色，浓黑烟炭束，软化、起泡，散发出苯乙烯单体味。（图 1-11）

(a)聚苯乙烯透明灯罩　　　　　　　(b)聚苯乙烯电池盒

图 1-11　聚苯乙烯产品

(1)PS 性能的主要优点

1)光学性能好。其透光率达 88%～92%，可用作一般透明或滤光材料器件，如仪表、收录机上的刻度盘、电盘指示灯、自行车尾灯的透光外罩等。

2)易于成型加工。因其比热低、熔融黏度低、塑化能力强、加热成型快，故模塑周期短。而且，成型温度和分解温度相距较远，可供选择范围广，加之结晶度低、尺寸稳定性好，被认为是一种标准的工艺塑料。

3)着色性能好。PS 表面容易上色、印刷和金属化处理，染色范围广，注射成型温度可以调低，能适应多种耐温性差的有机颜料的着色，制出色彩鲜艳明快的制品。

(2)PS 性能的主要缺点

1)其最大的缺点是性脆易裂。因其抗冲击强度低，在外力作用下易产生银纹屈服而使材料表现为性脆易裂，制件仅能在较低的负载下使用；耐磨性也较差，在稍大的摩擦碰刮作用下很易拉毛。

2)耐热温度较低。其制品的最高连续使用温度仅为 60～80℃，不宜制作盛载开水和高热食品的容器。

3)PS 的热胀系数大，热承载力较差，嵌入螺母、螺钉、导柱、垫块之类金属组件的塑料制品，往往在嵌接处出现裂纹。

4)成型加工工艺要求较高。虽然 PS 透明、易于成型，但如果加工工艺不善，将带来不少问题，例如：

a) PS 制品老化现象较明显，长时间光照或存放后，会出现混浊和发黄。

b) PS 对热的敏感性很大，很易在不良的受热受压加工环境中发生降解。

(3)PS 的改性

为了改善 PS 强度较低、不耐热、性脆易裂的缺点，以 PS 为基质，与不同单体共聚或与共聚体、均聚体共混，可制得多种改性体。例如：高抗冲聚苯乙烯(HIPS)、苯烯腈-苯乙烯共聚体(SAN)等等。HIPS 它除了具有聚苯乙烯易于着色、易于加工的优点外，还具有较强的韧性和冲击强度、较大的弹性。SAN 具有较高的耐应力开裂性以及耐油性、耐热性和耐化学腐蚀性。

（4）模具设计注意点

（1）PS 的热胀系数与金属相差较大，在 PS 制品中不宜有金属嵌件，否则当环境温度变化时，制品极易出现应力开裂现象。

（2）因 PS 性脆易裂，故制品的壁厚应尽可能均匀，不允许有缺口、尖角存在，厚薄相连处要用较大的圆弧过渡，以避免应力集中。

（3）为防止制品因脱模不良而开裂或增加内应力，除了选择合理的脱模斜度外，还要有较大的有效顶出面积、有良好的顶出同步性。

（4）PS 对浇口形式无特殊要求，仅要求在浇口和制品连接处用较大的圆弧过度，以免在去浇口时损伤制品。

4. 丙烯酯—丁二烯—苯乙烯共聚物（ABS）

ABS（Acrylonitrile-Butadiene-Styrene）是一种高强度改性 PS，由丙烯酯、丁二烯和苯乙烯三种组元以一定的比例共聚而成。三元结构的 ABS 兼具各组分的多种固有性：丙烯酯能使制品有较高的强度和表面硬度，提高耐化学腐蚀性和耐热性；丁二烯使聚合物有一定的柔顺性，使制件在低温下具有一定的韧性和弹性、较高的冲击强度而不易脆折；苯乙烯使分子链保持刚性，使材质坚硬、带光泽，保留了良好的电性能和热流动性，易于加工成型和染色。

ABS 本色为浅象牙色，不透明，无毒无味，属于无定形塑料。黏度适中，它的熔体流动性和温度、压力都有关系，其中压力的影响要大一些。

ABS 树脂是一种缓慢燃烧的材料，燃烧时火焰呈黄色，冒黑烟，气味特殊，在继续燃烧时不会熔融滴落。

（1）主要优点

1）综合性能比较好：机械强度高；抗冲击能力强，低温时也不会迅速下降；缺口敏感性较好；抗蠕变性好，温度升高时也不会迅速下降；有一定的表面硬度，抗抓伤；耐磨性好，摩擦系数低。

2）电气性能好，受温度、湿度、频率变化影响小。

3）耐低温达−40℃。

4）耐酸、碱、盐、油、水。

5）可以用涂漆、印刷、电镀等方法对制品进行表面装饰。

6）较小的收缩率，较宽的成型工艺范围。

（2）主要缺点：

1）不耐有机溶剂，会被溶胀，也会被极性溶剂所溶解；

2）耐候性较差，特别是耐紫外线性能不好；

3）耐热性不够好。普通 ABS 的热变形温度仅为 95～98℃。

（3）ABS 的改性

ABS 能与其他许多热塑性或热塑性塑料共混，改进这些塑料的加工和使用性能。如将 ABS 加入 PVC 中，可提高其冲击韧性、耐燃性、抗老化和抗寒能力，并改善其加工性能；将 ABS 与 PC 共混，可提高抗冲击强度和耐热性；以甲基丙烯酸甲酯替代 ABS 中丙烯腈组分，可制得 MBS 塑料，即通常所说的透明 ABS。综上所述，ABS 是一类较理想的工程塑料，为各行业所广为采用。航空、造船、机械、电气、纺织、汽车、建筑等制造业都将 ABS 作为首选非金属材料。

(4)模具设计注意点

排气：为防止在充模过程中出现排气不良、灼伤、熔接缝等缺陷，要求开设深度不大于 0.04mm 的排气槽。

5. 聚碳酸酯(PC)

聚碳酸酯(PC)性能优越，不仅透明度高，冲击韧性极好，而且耐蠕变，使用温度范围宽，电绝缘性、耐候性优良，无毒；是一种有优异工程性能的较理想的塑料，外观透明微黄，刚硬而带韧性。(图 1-12)

(a)聚碳酸酯光盘　　　　　　　　　　　(b)聚碳酸酯潜水镜片

图 1-12　聚碳酸酯产品

聚碳酸酯的结晶倾向较小，没有准确的熔点，一般认为属于无定形塑料。流动性较差，冷却速度较快，制品易产生应力集中。它的流变性很接近牛顿型流体，它的黏度主要受温度影响。

聚碳酸酯可缓慢燃烧，火焰呈黄色，黑烟炭束，熔融起泡，散发出特殊花果臭，离火后慢慢熄灭。

(1)PC 优良的综合性能

主要表现在以下几个方面

1)机械强度高。其冲击强度是热塑性塑料中最高的一种，比铝、锌还高，号称"塑料金属"；弹性模量高，受温度影响极小；抗蠕变性能突出，即使在较高温度、较长时间下蠕变量也十分小，优于 POM；其他如韧性、抗弯强度、拉伸强度等亦优于 PA 及其他一般塑料。PC 的低温机械强度是十分可贵的。所以在较宽的温度范围内，低温抗冲击能力较强，耐寒性好，脆化温度低达−100℃。

2)热性耐气候性优良。PC 的耐热性比一般塑料都高，热变形温度为 135～143℃，长期工作温度达 120～130℃，是一种耐热环境的常选塑料。其耐候性也很好，有人做过实验，将 PC 制件置于气温变化大的室外，任由日晒雨淋，三年后仅仅是色泽稍黄，性能仍保持不变。

3)成型精度高，尺寸稳定好。成型收缩率基本固定在 0.5%～0.7%，流动方向与垂直方向的收缩基本一致。在很宽的使用温度范围内尺寸可靠性高。

(2)PC 的主要缺点

1)自身流动性差，即使在较高的成型温度下，流动亦相对缓慢；

13

2)是在成型温度下对水分极其敏感,微量的水分即会引起水解,使制件变色、起泡、破裂;

3)抗疲劳性、耐磨性较差、缺口效应敏感。

4)PC 优良的综合性能使其在机械、仪器仪表、汽车、电器、纺织、化工、食品等领域都占据着重要地位。制成品有:食品包装、餐饮器具、安全帽、泵叶、外科手术器械、医疗器械、高级绝缘材料、齿轮、车灯灯罩、高温透镜、窥视孔镜、电器连接件和镭射唱片、镭射影碟等。

(3)模具设计注意点

PC 制品与模具设计除了遵循一般塑料制品与模具的设计原则外,还需注意以下几点:

1)PC 的流动性较差,所以,流道系统和浇口的尺寸都应较大,优先采用侧浇口、扇形浇口、护耳式浇口。

2)熔体黏度较大,要求型腔的材料比较耐磨。

3)熔体的凝固速度较快,流动的不平衡对充填过程影响明显。为了防止滞流,型腔应该获得较好的充填秩序。

4)PC 对缺口较为敏感,要求制品壁厚均匀一致,尽可能避免锐角、缺口的存在,转角处要用圆弧过渡,圆弧半径不小于 1.5mm。

5)成型过程中出现排气不良现象,需开设深度小于 0.04mm 的排气孔槽.

6. 聚甲醛(POM)

聚甲醛(Polyoxymethylene,简称 POM)是一种没有侧链、高密度、高结晶度的线型聚合物,具有优异的综合性能。这种材料最突出的特性是具有高弹性模量,表现出很高的硬度和刚性(图 1-13)。

 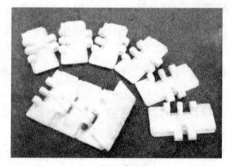

(a) 聚甲醛密封件   (b) 聚甲醛链片

图 1-13　聚甲醛塑料产品

POM 是一种结晶形塑料,熔融状态下具有良好的流动性,其表观黏度主要受剪切速率影响,是一种剪切敏感性材料。

按分子链化学结构不同,聚甲醛可分为均聚和共聚两种。均聚物的密度、结晶度、机械强度等较高,共聚物的热稳定性、成型加工性、耐酸碱性较好。

聚甲醛容易燃烧,火焰上端黄色、下端蓝色,并熔融滴落,散发出强烈的刺激性甲醛味,鱼腥臭,离火后能继续燃烧。

(1)主要优点

1)POM 具有良好的耐疲劳性和抗冲击强度,适合制造受周期性循环载荷的齿轮类制品。

2)耐蠕变性好。与其他塑料相比,POM在较宽的温度范围内蠕变量较小,可用来作密封零件。

3)耐磨性能好。POM具有自润滑性和低摩擦系数,该性能使它可用来作轴承、转轴。

4)耐热性较好。在较高温下长期使用力学性能变化不大,均聚POM的工作温度在100℃,共聚POM可在114℃。

5)吸水率低,成型加工时,对水分的存在不敏感。

(2)主要缺点:

1)凝固速度快,制品容易产生皱纹、熔接痕等表面缺陷。

2)收缩率大,较难控制制品的尺寸精度。

3)加工温度范围较窄,热稳定性差,即使在正常的加工温度范围内受热稍长,也会发生聚合物分解。

(3)模具设计注意点

1)在熔融态时,凝固速度快,结晶度高,体积收缩大,为满足正常的充填和保压,要求浇口尺寸大一些,且流动平衡性好一些;

2)刚性好而韧性不足,弧形浇口不适合于POM,以防浇口断裂而无法正常脱模;

3)为防止POM分解而腐蚀型腔,型腔材料应该选用耐腐蚀的材料

4)POM熔体流动性较好,为防止排气不良、熔接痕、灼伤变色等缺陷,要求模具开设良好的排气槽,深度不超过0.02mm,宽度在3mm左右。

7. 聚氯乙烯(PVC)

聚氯乙烯是世界上产量仅次于聚乙烯而占第二位的塑料。聚氯乙烯树脂为白色或浅黄色粉末,由于其分子结构中含有氯原子,因此聚氯乙烯通常不易燃烧,离火即灭,火焰呈黄色,燃烧时塑料可变软,同时发出刺激性气味。

常用的聚氯乙烯有硬质聚氯乙烯和软质聚氯乙烯之分。硬聚氯乙烯不含或含有少量的增塑剂,有较好的抗拉、抗弯、抗压和抗冲击性能,可单独用做结构材料。软聚氯乙烯含有较多的增塑剂,它的柔软性、断裂伸长率、耐寒性增加,但脆性、硬度、抗拉强度降低。此外,PVC的热稳定性较差,在一定温度下会有少量的氯化氢气体放出,促使其进一步分解变色,因此需加入稳定剂防止其裂解。它的使用温度范围也较窄,一般在−15~55℃之间。聚氯乙烯因其化学稳定性高,可用于防腐管道、管件、输油管、离心泵、鼓风机等,如图1-14(a)所示。由于电气绝缘性能优良而在电气、电子工业中用于制造插座、插头、开关、电缆。在日常生活中,聚氯乙烯用于制造凉鞋、雨衣、玩具、人造革等,如图1-14(b)所示。

8. 聚酰胺(PA)

聚酰胺通称尼龙,它在世界上的消费量居工程塑料之首位。聚酰胺由二元胺和二元酸通过缩聚反应制取或由氨基酸自聚而成。尼龙的命名由二元胺与二元酸中的碳原子数来决定,常见的尼龙品种有尼龙1010、尼龙610、尼龙66、尼龙6、尼龙9、尼龙11等。尼龙有优良的力学性能,其抗冲击强度比一般塑料有显著提高,其中尼龙6尤为突出。尼龙本身无毒、无味、不霉烂,其吸水性强、收缩率大,常常因吸水而引起尺寸变化。尼龙具有良好的消音效果和自润滑性能,耐化学性能良好,对酸、碱、盐性能稳定,耐溶剂性能和耐油性也好,但电性能不是很好。其稳定性较差,一般只能在80~100℃之间使用。

(a) 聚氯乙烯管材

(b) 聚氯乙烯人造革

图 1-14　聚氯乙烯产品

成型加工时,尼龙具有较低的熔融黏度和良好的流动性,生产的制件容易产生飞边。因其吸水性强,成型加工前必须进行干燥处理。熔融状态的尼龙热稳定性较差,因此在高温料筒内停留时间不宜过长。

由于尼龙有较好的力学性能,被广泛地使用在工业上制作各种机械、化学和电气零件,如轴承、齿轮、滚子、辊轴、滑轮、泵叶轮、风扇叶片、蜗轮、高压密封扣圈、垫片、阀座、输油管、储油容器、绳索、传动带、电池箱、电器线圈骨架等,如图 1-15 所示。

(a) 尼龙线轴

(b) 尼龙齿轮

图 1-15　尼龙产品

9. 聚甲基丙烯酸甲酯(PMMA)

聚甲基丙烯酸甲酯,俗称有机玻璃。它是一种无定形聚合物,故成型收缩率不大,仅为0.8%。它的密度为 $1.19 \sim 1.22 \text{g/cm}^3$。具有很高的透明性,透光率为 $90\% \sim 92\%$,有较强的耐化学腐蚀性,力学性能中等,电性能和耐候性能优良,但耐磨性能差。聚甲基丙烯酸甲酯的玻璃化温度为 $105 ℃$,熔融温度为 $160 \sim 200 ℃$,热变形温度为 $115 ℃$ 左右,具体数值压力有关。它的最高使用温度为 $65 \sim 95 ℃$。聚甲基丙烯酸甲酯很容易燃烧,火焰呈浅蓝色,顶端白色。

聚甲基丙烯酸甲酯可用来制造具有一定透明度的防震、防爆和观察等方面的零件,如油杯、光学镜片、车灯灯罩、油标及各种仪器零件,透明模型、透明管道、汽车和飞机的窗玻璃、飞机罩盖,也可用做广告牌、绝缘材料等,如图 1-16 所示。

(a) 亚克力浴缸(PMMA)

(b) 透明展示柜(PMMA)

图 1-16　有机玻璃产品

10. 聚砜(PSU)

聚砜是 20 世纪 60 年代出现的工程塑料,又称聚苯醚砜,属于非结晶型塑料,外观有的呈透明而微带琥珀色,也有的是象牙色的不透明体。聚砜具有较好的化学稳定性,很高的力学性能、很好的刚性和优良的介电性能,聚枫的尺寸稳定性较好,可进行一般机械加工和电镀,通常的使用温度范围为 $-100 \sim 150$℃,热变形温度为 174℃,其抗蠕变性能比聚碳酸醋还好,耐气候性较差。聚砜的收缩率较小,但成型加工前仍要预先将原料进行充分干燥,否则塑件易发生银丝、云母斑、气泡甚至开裂。聚枫的成型性能酷似聚碳酸醋,但热稳定性不如聚碳酸醋好,其熔体不仅流动性差,而且对温度非常敏感,冷却速度快。因此,模具设计时要尽可能考虑到降低浇口的阻力,成型时要注意对模具加热。

聚砜可用于制造电气和电子零件,如断路元件、恒温容器、开关、绝缘电刷、电视机元件、整流器插座、线圈骨架、仪器仪表零件等;也可用来制造需要具有良好的热性能、耐化学性和刚性好的零件,如转向柱轴环、电动机罩、飞机导管、电池箱、汽车零件、齿轮、凸轮等。

11. 聚四氟乙烯(PTFE)

聚四氟乙烯是氟塑料中最重要的一种,俗称塑料王。聚四氟乙烯树脂为白色粉末,外观蜡状、光滑不粘,平均密度为 $2.2g/cm^3$。聚四氟乙烯具有卓越的性能,它的化学稳定性是其他任何塑料无法比拟的,强酸、强碱及各种氧化剂甚至沸腾的"王水"和原子工业中用的强腐蚀剂五氟化铀等腐蚀性很强的介质对它都不起作用,其化学稳定性超过金、铂、玻璃、陶瓷及特种钢等,目前在常温下还未发现一种能溶解它的溶剂。它的耐热耐寒性能优良,可在 $-195 \sim 250$℃范围内长期使用而不发生性能变化。聚四氟乙烯具有良好的电气绝缘性,且不受环境湿度、温度和电频率的影响。

聚四氟乙烯的缺点是容易热膨胀,不耐磨,机械强度差,刚性不足且成型困难。制件一般是先将粉料冷压成坯件,然后再烧结成型。

聚四氟乙烯在防腐化工机械上用于制造管子,阀门、泵、涂层衬里等;在电绝缘方面广泛应用在要求有良好高频性能并能高度耐热、耐寒、耐腐蚀的场合,如喷气式飞机、雷达等上面的某些零件;也可用于制造自润滑减摩轴承、活塞环等零件。由于它具有不粘性,在塑料加工及食品工业中被广泛地用于脱模剂。在医学上还可用它制作代用血管、人工心肺装置等。

1.4.2　热固性塑料

1. 酚醛树脂(PF)

酚醛树脂通常由酚类化合物和醛类化合物缩聚而成。酚醛树脂本身很脆,必须加入各种纤维或粉末状填料后才能获得具有一定性能要求的酚醛塑料。酚醛塑料大致可分为层压塑料、压塑料、纤维状压塑料、碎屑状压塑料等。与一般热塑性塑料相比,酚醛塑料具有刚性好,变形小,耐热、耐磨等性能,能在 150～200℃温度范围内长期使用;具有良好的电绝缘性能,在水润滑条件下有极低的摩擦系数。但它的冲击强度较差,质地较脆。酚醛塑料具有良好的成型性能,常用于压缩成型。模具的温度对其流动性有较大影响,硬化时放出大量热量,厚壁大型塑件内部温度易过高,发生硬化不匀及过热现象。

酚醛层压塑料根据所用填料不同,有纸质、布质、木质、石棉和玻璃纤维等各种层压塑料,可用来制成各种型材和板材。布质及玻璃纤维酚醛层压塑料具有优良的力学性能、耐油性能和一定的介电性能,用于制造轴瓦、导向轮、无声齿轮、轴承及电工结构材料和电气绝缘材料。木质层压塑料适用于制作水润滑冷却下的轴承及齿轮等。石棉布层压塑料适用于制作高温下工作的零件。酚醛纤维状压塑料具有优良的电气绝缘性能,耐热、耐水、耐磨,可以加热模压成各种复杂的机械零件和电器零件,可制作各种线圈骨架、接线板、电动工具外壳、风扇叶片、耐酸泵叶轮、齿轮、凸轮等。

2. 氨基塑料

氨基塑料是由氨基化合物与醛类(主要是甲醛)经缩聚反应而制得的塑料,主要包括脲一甲醛、三聚氰胺一甲醛等。

(1)脲-甲醛塑料(UF)

脲-甲醛塑料是由脲-甲醛树脂和漂白纸浆等制成的压塑粉,易着色,可染成各种鲜艳的色彩,外观明亮,部分透明,具有较高的表面硬度,耐电弧性能好,耐矿物油、耐霉菌的作用,但耐水性较差,在水中长期浸泡后电气绝缘性能下降。脲-甲醛塑料大量用于压制日用品及电气照明用设备的零件、电话机、收音机、钟表外壳、开关插座及电气绝缘零件。

(2)三聚氰胺-甲醛塑料(MF)

三聚氰胺-甲醛塑料是由三聚氰胺-甲醛树脂与石棉、滑石粉等制成。三聚氰胺-甲醛塑料可用来制作耐光、耐电弧、无毒的塑件,这些塑件的颜色繁多。此外,三聚氰胺一甲醛塑料在 −20～100℃的温度范围内性能变化小,耐沸水,具有重量轻、不易碎的特点。氨基塑料常用于压缩、压注成型,压注成型时收缩率大。氨基塑料含水分及挥发物多,使用前需预热干燥,成型时有弱酸性物质及水分析出,因此模具应镀铬防腐,并注意排气。该塑料的熔体流动性好,硬化速度快,因此预热及成型温度要适当,尽快进行装料、合模及加工。

(3)环氧树脂(EP)

环氧树脂是含有环氧基的高分子化合物,未固化之前是线型的热塑性树脂,只有在加入固化剂(如胺类和酸酐等)之后才交联反应成不熔的体型结构的高聚物。环氧树脂有许多优良的性能,其最突出的特点是粘结能力很强,是人们熟悉的"万能胶"的主要成分,此外,它还耐化学药品、耐热,电气绝缘性能良好,收缩率小。与酚醛树脂相比,它具有较好的力学性能。其缺点是耐气候性差,耐冲击性低,质地脆。成型时环氧树脂具有良好的流动性,硬化速度快,但用于浇注时脱模困难,需使用脱模剂。该树脂硬化时不析出任何副产物,成型时不需排气。

环氧树脂种类繁多,应用广泛,可用做金属和非金属材料的黏合剂,用于封装各种电子元件。环氧树脂配以石英粉等可用来浇铸各种模具。它还可以作为各种产品的防腐涂料。

第 2 章　注射模结构

塑料注射成型模具主要用于热塑性塑料制件的成型。注射成型的特点是生产率高,容易实现自动化生产。由于注射成型的工艺优点显著,所以塑料注射成型的应用最为广泛。近年来,随着成型技术的发展,热固性塑料的注射成型应用也日趋广泛。本章主要介绍热塑性塑料注射成型模具的典型结构、特点。

2.1　注射模结构组成

注射模具的结构由塑件的复杂程度及注射机的结构形式等因素决定。注射模具可分为动模和定模两大部分,定模部分安装在注射机的固定模板上,动模部分安装在注射机的移动模板上,注射时动模与定模闭合构成浇注系统和型腔,开模时动模与定模分离,取出塑件。根据模具上各个部分所起的作用,注射模具的总体结构组成如图 2-1、图 2-2 所示。

(1)成型部件:成型部件由型芯 13、型腔 12 以及嵌件和镶块等组成。型芯形成塑料制件的内表面形状,型腔形成塑料制件的外表面形状。模具合模后型芯与型腔构成模具的成型模腔。

(2)浇注系统:塑料熔体从注塑机喷嘴进入模腔所流经的通道称为浇注系统,浇注系统由主流道、分流道、冷料穴、浇口等组成,主流道的零件是主流道衬套 10。

(3)导向机构:导向分为动模与定模之间的导向和推出机构的导向。为确保动、定模之间的正确导向与定位,需要在动、定模部分采用导柱(如图 2-2 所示)、导套。推出机构的导向通常由顶板导柱 16 和顶板导套 18 所组成,如图 2-1 所示。

(4)侧向分型与抽芯机构:塑件的侧向如凹凸形状及孔或凸台,这就需要有侧向的成型块来成型。在塑件被推出之前,必须先抽出侧向成型块,然后方能顺利脱模。

(5)顶出机构:推出机构是指模具分型后将塑件从模具中推出的装置。一般情况下,顶出机构有顶杆 14、复位杆 3、顶杆固定板 5、顶出板 6、主流道拉料杆 17 等组成。如图 2-1 所示。

(6)温度调节系统:为满足注塑工艺对模具的温度要求,必须对模具的温度进行控制,所以模具通常设有冷却或加热的温度调节系统。冷却系统一般在模具上开始冷却水道。

(7)排气系统:在注射成型过程中,为了将型腔内的气体排出模外,常常需要开始排气系统。排气系统通常是在分型面上有目的的开设几条排气沟槽,另外许多模具的推杆或活动型芯与模板之间的配合间隙可起排气作用。

(8)支承零部件:用来安装固定或支撑成型零部件及前述的各部分机构的零部件均称为支承零部件。

上述各部分也可以分为成型零部件和结构零部件两大类。其中,成型零部件系指与塑

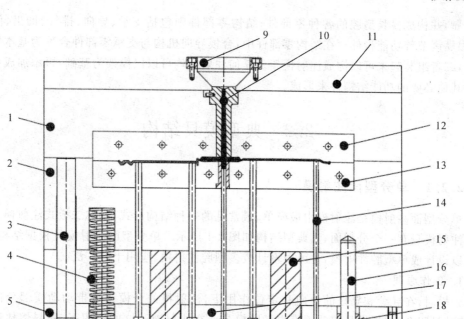

1—定模板；2—动模板；3—复位杆；4—弹簧；5—顶出固定板；6—顶出板；7—限位钉；
8—弹簧导杆；9—定位圈；10—主流道衬套；11—定模座板；12—型腔；13—型芯；
14—顶杆；15—支承柱；16—顶板导柱；17—拉料杆；18—顶板导套；

图 2-1　注射模典型结构

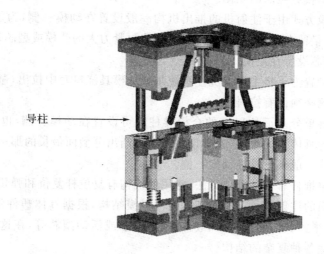

导柱

图 2-2　注射模三维结构

料接触,并构成模具型腔的各种零部件;结构零部件则包括支承、导向、排气、推出、侧向抽芯、温度调节等功能构件。在结构零部件中,合模导向机构与支承零部件合称为基本结构零部件,二者组装起来可以构成注射模架。任何注射模均可以以模架为基础,再添加成型零部件和其他必要的功能结构件来形成。

2.2　典型模具结构

2.2.1　单分型面注射模

单分型面注射模是注射模中最简单、最常见的一种结构形式,也称二板式注射模。单分型面注射模只有一个分型面,其典型结构如图 2-1 所示。单分型面注射模具根据结构需要,既可以设计成单型腔注射模,也可以设计成多型腔注射模,应用十分广泛。

1. 工作原理

合模时,在导套和导柱的导向和定位作用下,注射机的合模系统带动动模部分向前移动,使模具闭合,并提供足够的锁模力锁紧模具。在注射液压缸的作用下,塑料熔体通过注射机喷嘴经模具浇注系统进入型腔,待熔体充满型腔并经保压、补缩和冷却定型后开模;开模时,注射机合模系统带动动模向后移动,模具从动模板 2 和定模板 1 的分型面分开,塑件包在动模型芯 13 上随动模一起后移,同时拉料杆 17 将浇注系统主流道凝料从主流道衬套 10 中拉出,开模行程结束,注射机液压顶杆推动推出机构开始工作,顶杆 14 和拉料杆 17 分别将塑件及浇注系统凝料从动模型芯 13 和冷料穴中推出,至此完成一次注射过程。合模时,复位杆使推出机构复位,模具准备下一次注射。

2. 设计注意事项

(1)分流道位置的选择分流道开设在分型面上.它可单独开设在动模一侧或定模一侧,也可以开设在动、定模分型面的两侧。

(2)塑件的留模方式由于注射机的推出机构一般设置在动模一侧,为了便于塑件推出,塑件在分型后应尽量留在动模一侧。为此,一般将包紧力大的凸模或型芯设在动模一侧,包紧力小的凸模或型芯设置在定模一侧。

(3)拉料杆的设置为了将主流道浇注系统凝料从模具浇口套中拉出,避免下一次成型时堵塞流道,动模一侧必须设有拉料杆。

(4)导柱的设置单分型面注射模的合模导柱既可设置在动模一侧,也可设置在定模一侧,根据模具结构的具体情况而定,通常设置在型芯凸出分型面最长的那一侧。需要指出的是,标准模架的导柱一般都设置在动模一侧。

(5)推杆的复位推杆有多种复位方法,常用的机构有复位杆复位和弹簧复位两种形式。

总之,单分型面的注射模是一种最基本的注射模结构,根据具体塑件的实际要求,单分型面的注射模也可增添其他的部件,如嵌件、螺纹型芯或活动型芯等,在这种基本形式的基础上,可演变出其他各种复杂的结构。

2.2.2　双分型面(点浇口式)注射模

双分型面(点浇口式)注射模具的结构特征是有两个分型面,常常用于点浇口浇注系统的模具,也叫三板式注射模具,如图 2-3 所示。在定模部分增加一个分型面(PL_1),分型的目的是为取出浇注系统凝料,便于下一次注射成型;PL_3 分型面为主分型面,分型的目的是开模推出塑件。双分型面注射模具与单分型面注射模具比较,结构较复杂。

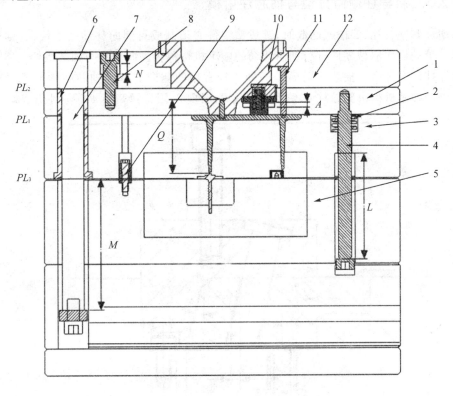

1—中间板;2—弹簧;3—型腔板;4—限位拉杆;5—动模板;6—导套;
7—定模导柱;8—限位螺钉;9—尼龙拉扣;10—定位环;11—拉料杆;12—定模座板
N=中间板行程;L=型腔板行程;Q=凝料总长度;A=主流道弹簧行程
图 2-3 双分型面点浇口注射模

1. 工作原理

开模时,由于尼龙拉扣 9 锁住型腔板 3 和动模板 5 以及弹簧 2 的作用,模具首先在 PL_1 分型面分型,型腔板 3 和动模部分向后移动,点浇口被自动拉断。由于拉料杆 11 的作用,分流道凝料留在中间板 1 侧,当型腔板 3 和动模部分移动一定距离后,固定在中间板 1 上的限位拉杆 4 与型腔板底端接触,PL_1 分型面分型结束。限位拉杆 4 继续拉动中间板 1,PL_2 分型,中间板 1 推出分流道和主流道凝料,此时型腔板 3 和动模部分分离,脱离尼龙拉扣 9,PL_3 分型面分离,动模继续后移,当注射机推杆接触推板后,推出机构开始工作,塑料被顶出。

2. 设计注意事项

(1)浇口的形式:三板式模具的浇口一般为点浇口,注射模具的点浇口截面积较小,直径只有 0.5～1.5mm。由于浇口截面积太小,熔体流动阻力太大,浇口不易加工。

(2)导柱的设置:三板式点浇口注射模具,在定模一侧一定要设置导柱,用于对中间板和型腔板的导向和支承,同时为了对动模部分进行导向,动模部分也一定要设置导柱。

（3）分型面 PL_1 的分型距离 L 应保证浇注系统凝料能顺利脱出，一般 L 的距离为：

$$L=Q+40\text{mm}$$

2.2.3　斜导柱侧向分型与抽芯注射模

当塑件侧壁有孔、凹槽或凸起时，其成型零件必须制成可侧向移动的滑块，否则塑件无法脱模。带动侧向成型零件进行侧向移动的整个机构称为侧向分型与抽芯机构。

斜导柱侧向分型与抽芯注射模是一种比较常用的侧向分型与抽芯结构形式，如图 2-4 所示。侧向抽芯机构由斜导柱 1、侧型芯滑块 3、斜楔 2、限位弹簧销 4 等零件组成。

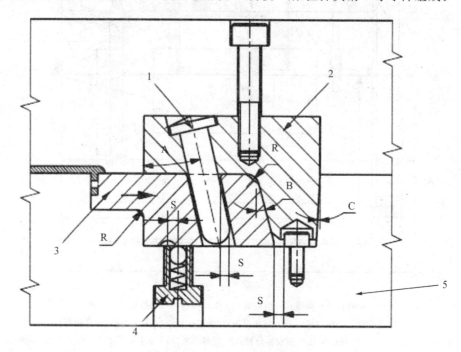

1—斜导柱；2—斜楔；3—滑块；4—限位弹簧销；5—动模板
图 2-4　斜导柱侧向抽芯注射模（局部）

开模时，动模部分向后移动，开模力通过斜导柱带动侧型芯滑块，使其在动模板 5 的导滑槽内向外滑动，直至侧型芯滑块与塑件完全脱开，完成侧向抽芯动作。塑件包在动模板 5 上，随动模继续后移。合模时，斜导柱使侧型芯滑块向内移动复位，最后侧型芯滑块由斜楔 2 锁紧。

斜导柱侧向抽芯结束后，为了保证滑块不侧向移动，合模时斜导柱能顺利地插入滑块的斜导孔中使滑块复位，侧型芯滑块应有准确的定位。图 2-4 中的定位装置由弹簧销 4 组成。楔紧块的作用是防止注射时熔体压力使侧型芯滑块产生位移，楔紧块的斜面应与侧型芯滑块上斜面的斜度一致。

2.2.4　斜顶侧向抽芯注射模

当内部侧壁上有凸凹部位时，可以采用斜顶侧向抽芯的形式，如图 2-5 所示。实际上，由于斜顶在镶件上所占的空间很少，脱离塑件时亦有顶出的作用，所以在模具中得到了大量的应用。

斜顶的原理是通过斜顶杆 1 斜线方向的顶出运动,获得一定的水平方向的平移,从而使侧壁上的凸凹部位脱模。

如图 2-5 所示,斜顶的倾斜角度 A 及顶出行程 H 决定了斜顶杆在水平方向的移动距离。导板 3 前部预留出移动距离。导向块 2 固定于动模板的底部,起到给斜顶杆导向的作用,模板上与斜顶杆接触的地方必须加大间隙,减少与斜顶杆的配合。斜顶杆顶部与产品接触的部位角度 B＝A＋1°～2°,以防止斜顶杆与镶件过多的摩擦。

另外由于斜顶杆要在制品内部滑动,故斜顶杆顶面应略低于型芯镶块 5 的顶面 0.1～0.3mm。同时,在斜顶杆的平移范围内不能碰到凸起的产品位,以免斜顶杆的行程受到干涉,破坏制品的完整。

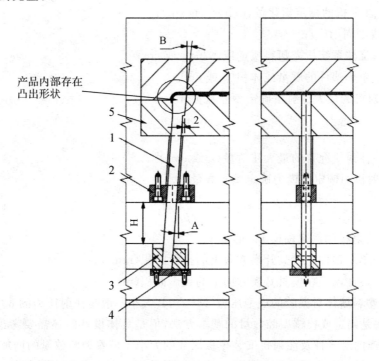

1—斜顶杆;2—导向块;3—导板;4—耐磨板;5—型芯镶块

图 2-5　斜顶侧向抽芯注射模(局部图)

2.3　注射模与注射机的关系

注射模是安装在注射机上进行注射成型生产的,现代模具设计时,客户一般会提供自己的注射机资料。因此,模具设计者在开始设计模具时,除了必须了解注射成型工艺规程之外,对有关注射机的技术规范和使用性能也应该熟悉。只有这样,才能处理好注射模与注射机之间的关系,使设计出来的注射模能在客户的注射机上安装和使用。

模具设计时,设计者必须根据塑件的结构特点、塑件的技术要求确定模具结构。模具的结构与注射机之间有着必然的联系,模具定位圈尺寸、模板的外围尺寸、注射量的大小、推出机构的设置及锁模力的大小等必须参照注射机的类型及相关尺寸进行设计,否则,模具就无法与注射机合理匹配,注射过程也就无法进行。

1. 型腔数量的确定和校核

型腔数量的确定是模具设计的第一步,型腔数量与注射机的塑化速率、最大注射量及锁模力等参数有关,另外型腔数量还直接影响塑件的精度和生产的经济性。型腔数量的确定方法有很多种,下面介绍根据注射机性能参数确定型腔数量的几种方法。

(1)按注射机的额定塑化速率确定型腔的数量 n

$$n \leqslant \frac{KMt/3600m_2}{m_1} \tag{2-1}$$

式中　　K——注射机最大注射量的利用系数,一般取 0.8;

M——注射机的额定塑化量(g/h 或 cm³/h);

t——成型周期(s);

m_2——浇注系统所需塑料质量或体积(g 或 cm³)

m_1——单个塑件的质量或体积(g 或 cm³)

(2)按注射机的最大注射量确定型腔数量 n

$$n \leqslant \frac{Km_n - m_2}{m_1} \tag{2-2}$$

式中　　m_n——注射机允许的最大注射量(g 或 cm³)

(3)按注射机的额定锁模力确定型腔数量 n

$$n \leqslant \frac{F - pA_2}{pA_1} \tag{2-3}$$

式中　　F——注射机的额定锁模力(N);

A_1——单个塑件在模具开模方向上的投影面积(mm²);

A_2——浇注系统在模具开模方向上的投影面积(mm²);

p——塑料熔体对型腔的成型压力(MPa),其大小一般是注射压力的 80%。

上述方法是确定或校核型腔数量的基本方法,但是具体设计时还需要考虑成型塑件的尺寸精度、生产的经济性及注射机安装模板尺寸的大小。随着型腔数量的增加,塑件的精度会降低(一般每增加一个型腔塑件的尺寸精度便降低 $4\% \sim 8\%$),同时模具的制造成本也提高,但生产效率会显著增加。

2. 注射量的校核

模具型腔能否充满与注射机允许的最大注射量密切相关。最大注射量是指注射机对空注射的条件下,注射螺杆或柱塞作一次最大注射行程时,注射装置所能达到的最大注射量。设计模具时,应满足注射成型塑件所需的总注射量小于所选注射机的最大注射量,即:

$$nm_1 + m_2 \leqslant km_n \tag{2-4}$$

式中　　n——型腔数量;

m_1——单个塑件的体积或质量,cm³ 或 g;

m_2——浇注系统质量,cm³ 或 g;

m_n——注射机最大注射量,cm³ 或 g;

k——注射机最大注射量利用系数,一般取 0.8。

柱塞式注射机的允许最大注射量是以一次注射聚苯乙烯的最大质量(g)为标准的;螺

杆式注射机以体积（cm³）表示最大注射量。

3. 锁模力的校核

注射时塑料熔体进入型腔内仍然存在较大的压力,它会使模具从分型面涨开。为了平衡塑料熔体的压力,锁紧模具保证塑件的质量,注射机必须提供足够的锁模力。它同注射量一样,也反映了注射机的加工能力,是一个重要参数。因此塑件和浇注系统在分型面上不重合的投影面积之和乘以型腔的压力。它应小于注射机的额定锁模力 F,这样才能使注射时不发生溢料和胀模现象,即满足下式:

$$(nA_1 + A_2)p \leqslant F \tag{2-5}$$

式中　F——注射机的额定锁模力。

型腔内的压力一般为注射机注射压力的 80% 左右。

4. 注射压力的校核

塑料成型所需要的注射压力是由塑料品种、注射机类型,喷嘴形式、塑件形状以及浇注系统的压力损失等因素决定的。对于黏度较大的塑料以及形状细薄、流程长的塑件,注射压力应取大些。由于柱塞式注射机的压力损失比螺杆式大,所以注射压力也应取大些。注射压力的校核是核定注射机的额定注射压力是否大于成型时所需的注射压力。常用塑料注射成型时所需的注射压力见表 2-1。

表 2-1　常用塑料注射成型时所需的型腔压力

塑料品种	低密度聚乙烯	高密度聚乙烯	聚苯乙烯	AS	ABS	聚甲醛	聚碳酸酯
型腔压力/MPa	10～15	20	15～20	30	30	35	40

5. 模具与注射机安装部分相关尺寸的校核

注射模具是安装在注射机上生产的,在设计模具时必须使模具的有关尺寸与注射机相匹配。与模具安装的有关尺寸包括喷嘴尺寸、定位圈尺寸、模具的最大和最小厚度以及模板上的安装螺孔尺寸等。

(1)浇口套球面尺寸

设计模具时,浇口套内主流道始端的球面半径必须比注射机喷嘴头部球面半径略大一些,如图 2-6 所示,即 SR 必须比 SR1 大 1～2mm;主流道小端直径 d 要比喷嘴直径 d_1 略大,即 d 比 d_1 大 0.5～1mm。

(2)定位圈尺寸

为了使模具在注射机上的安装准确、可靠,定位圈的设计很关键。模具定位圈如图 2-7 中 4 所示,其外径尺寸必须与注射机的定位孔尺寸相匹配,以保证模具主流道中心线与注射机喷嘴轴线相重合。定位圈与定位孔之间通常采用间隙配合,以保证模具主流道的中心线与注射机喷嘴的中心线重合,一般模具的定位圈外径尺寸应比注射机固定模板上的定位孔尺寸小 0.2mm 以下。中小型模具一般只在定模座板上设置定位圈,而大型模具在定、动模座板上均设置定位圈。

(3)模具的最大、最小厚度

模具的总高度必须位于注射机可安装模具的最大模厚与最小模厚之间,同时应校核模具的外形尺寸,使模具能从注射机的拉杆之间装入,模具模板规格应不超出注射机的模板规格,即模具、宽方向底面不得伸出工作台面。模具通常采取从注射机上方直接吊装如机内的安装,或者先吊到侧面,再由侧面入机内安装的方法,如图 2-8(a)、(b)所示。由图可见,模具的外形尺寸受到拉杆间距的限制。

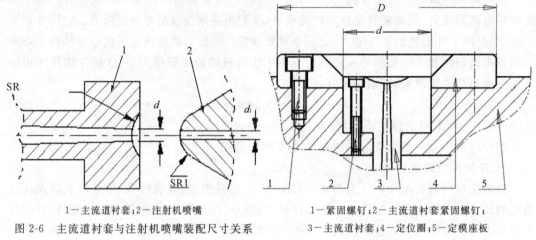

1—主流道衬套;2—注射机喷嘴

图 2-6　主流道衬套与注射机喷嘴装配尺寸关系

1—紧固螺钉;2—主流道衬套紧固螺钉;
3—主流道衬套;4—定位圈;5—定模座板

图 2-7　主流道衬套与定位环关系

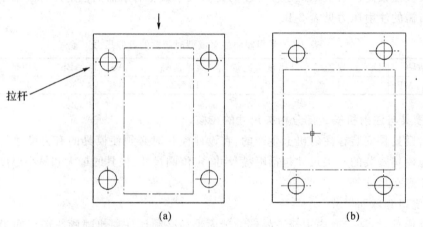

图 2-8　模具模板尺寸与注射机拉杆间距的关系

　　(4)安装螺孔尺寸

　　如图 2-9 所示,注射模具在注射机上的安装方法有两种,一种是用螺钉直接固定,如图 2-9(a)所示;另一种是用螺钉、压板固定,如图 2-9(b)所示。当用螺钉直接固定时,模具动、定座板与注射机模板上的螺孔应完全吻合;而用压板固定时,只要在模具固定板需安放压板的外侧附近有螺孔就能紧固,因此压板固定具有较大的灵活性。

　　6. 开模行程的校核

　　注射机的开模行程是受合模机构限制的,注射机的最大开模距离必须大于脱模距离,否则塑件无法从模具中取出。由于注射机的合模机构不同,开模行程可按下面三种情况校核:

　　(1)注射机的最大开模行程与模具厚度无关的校核

　　当注射机采用液压和机械联合作用的合模机构时,最大开模程度由连杆机构的最大行程所决定,并不受模具厚度的影响。对于图 2-10 所示的单分型面注射模,其开模行程可按

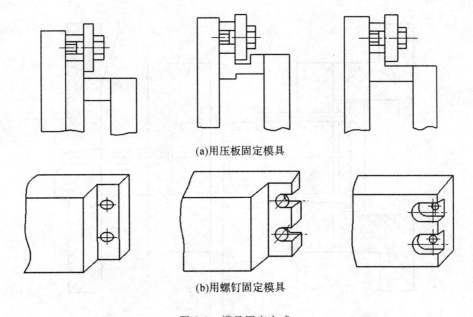

(a)用压板固定模具

(b)用螺钉固定模具

图 2-9　模具固定方式

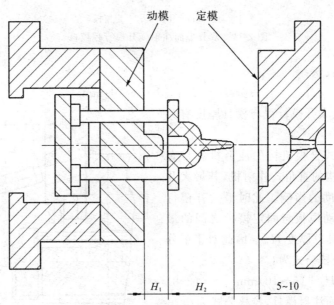

图 2-10　单分型面模具开模行程校核

下式校核：

$$s \geqslant H_1 + H_2 + (5 \sim 10)\,\text{mm} \tag{2-6}$$

式中　s——注射机最大开模行程，mm；

　　　H_1——塑料制件所需的顶出距离，mm；

　　　H_2——浇注系统冷料与塑料制件的总高度，mm。

　　而对于图 2-11 所示的双分型面注射模具，为了取出点浇口冷料，需要在开模距离中增加定模板与中间板之间的分开距离 a，a 的大小应保证方便地取出浇注系统的冷却，此时开

29

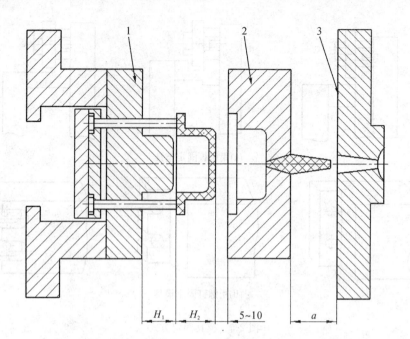

1—动模板；2—中间板；3—定模板

图 2-11　双分型面注射模开模行程校核

模行程可按下式校核：

$$s \geqslant H_1 + H_2 + a + (5 \sim 10)\,\mathrm{mm} \qquad (2\text{-}7)$$

　　（2）注射机最大开模行程与模具厚度有关的校核

　　对于全液压式合模机构的注射机和带有丝杠开模合模机构的直角式注射机，其最大开模行程受模具厚度的影响。此时最大开模行程等于注射机移动模板与固定模板之间的最大距离 s 减去模具总厚度 H_m。因此对于单分型面注射模具，校核公式为：

$$s - H_m \geqslant H_1 + H_2 + (5 \sim 10)\,\mathrm{mm} \qquad (2\text{-}8)$$

　　对于双分型面注射模具，校核公式为：

$$s - H_m \geqslant H_1 + H_2 + a + (5 \sim 10)\,\mathrm{mm} \qquad (2\text{-}9)$$

　　（3）具有侧向抽芯机构时的校核

　　当模具需要利用开模动作完成侧向抽芯时，开模行程的校核应考虑侧向抽芯所需的开模行程，如图 2-12 所示。若设完成侧向抽芯

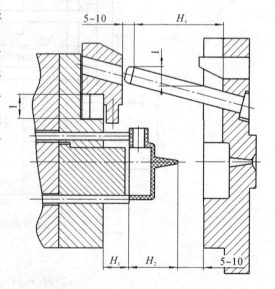

图 2-12　侧向抽芯机构的开模行程

所需的开模行程为 H_c，当 $H_c \leqslant H_1 + H_2$ 时，对开模行程没有影响，仍用上述各公式进行校核；当 $H_c > H_1 + H_2$ 时，可用 H_c 代替前述校核公式中的 $H_1 + H_2$ 进行校核。

第3章　分型面及浇注系统设计

　　注射模分成由导向机构(导柱与导套)导向与定位的动模和定模两个部分。注射成型后,塑料制件从动、定模部分的接合面之间取出,这个接合面称为分型面。分型面确定后,塑件在模具中的位置也就确定了。浇注系统是指熔融塑料从注射机喷嘴射入到注射模具型腔所流经的通道。浇注系统分为普通浇注系统和热流道浇注系统。通过浇注系统,塑料熔体充填满模具型腔并且使注射压力传递到型腔的各个部位,使塑件密实和防止缺陷的产生。通常浇注系统的分流道开设在动定模的分型面上,因此分型面的选择与浇注系统的设计是密切相关的,在设计注射模时应同时加以考虑。

3.1　制件排样设计

　　制件排样是指据模具设计要求,将需要成型的一种或多种制件按照合理的注塑工艺、模具结构要求进行排列。制件排样与模具结构、塑制工艺性相辅相成,并直接影响着后期的注塑工艺,排样时必须考虑相应的模具结构,在满足模具结构的条件下调整排样。

　　从注塑工艺角度需考虑以下几点:

　　(1)流动长度。每种制料的流动长度不同,如果流动长度超出工艺要求,制件就不会充满。

　　(2)流道废料。在满足各型腔充满的前提下,流道长度和截面尺寸应尽量小,以保证流道废料最少。

　　(3)浇口位置。当浇口位置影响制件排样时,需先确定浇口位置,再排样。在一件多腔的情况下,浇口位置应统一。

　　(4)进料平衡。进料平衡是指塑料熔料在基本相同的情况下,同时充满各型腔。为满足进料平衡一般采用以下方法:

　　A.按平衡式排样(如图 3-1),适合于制件体积大小基本一致的情况。

　　B.按大制件靠近主流道,小制件远离主流道的方式排样,再调整流道、浇口尺寸满足进制平衡。

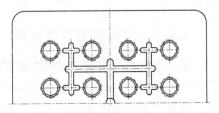

图 3-1　平衡进料

　　(5)型腔压力平衡。型腔压力分两个部分,一是指平行于开模方向的轴向压力;二是指垂直于开模方向的侧向压力。排样应力求轴向压力、侧向压力相对于模具中心平衡,防止产生溢制、飞边。

　　满足压力平衡的方法:

1)排样均匀、对称。轴向平衡如图 3-2；侧向平衡如图 3-3。

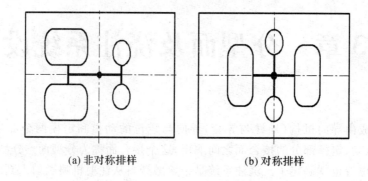

(a) 非对称排样　　　　　　　　　(b) 对称排样

图 3-2　排样对比

2)利用模具结构平衡，如图 3-4 这是一种常用的平衡侧压力的方法。

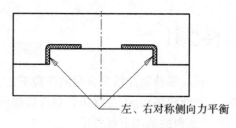 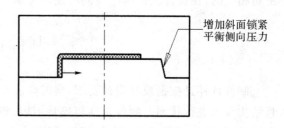

图 3-3　侧向压力平衡布置　　　　　图 3-4　分型面侧向压力平衡修改

3.2　分型面设计

分型面是决定模具结构形式的一个重要因素，它与模具的整体结构、浇注系统的设计、塑件的脱模和模具的制造工艺等有关，因此，分型面的选择是注射模设计中的一个关键步骤。

3.2.1　分型面的设计原则

能打开模具取出制件或浇注系统的面，称之为分型面。分型面除受排样的影响外，还受塑件的形状、外观、精度、浇口位置、滑块、顶出、加工等多种因素影响。合理的分型面是塑件能否完好成型的先决条件。一般应从以下几个方面综合考虑：

(1)符合制件脱模的基本要求，就是能使制件从模具内取出，分型面位置应设在制件脱模方向最大的投影边缘部位。

(2)确保制件留在后模一侧，并利于顶出且顶针痕迹不显露于外观面。

(3)分模线不影响制件外观。分型面应尽量不破坏制件光滑的外表面。

(4)确保制件质量，例如，将有同轴度要求的制件部分放到分型面的同一侧等

(5)分型面选择应尽量避免形成侧孔、侧凹，若需要滑块成形，力求滑块结构简单，尽量

避免前模滑块。

(6)合理安排浇注系统,特别是浇口位置。

(7)满足模具的锁紧要求,将制件投影面积大的方向,放在前、后模的合模方向上,而将投影面积小的方向作为侧向分型面;另外,分型面是曲面时,应加斜面锁紧。

(8)有利于模具加工。

3.2.2 分型面注意事项及要求

1. 曲面型分型面

当选用的分型面具有单一曲面特性时,如图 3-5(a),要求按图 3-5(b)的型式即按曲面的曲率方向伸展一定距离建构分型面。否则,则会形成如图 3-5(b)所示的不合理结构,产生尖钢及尖角形的封料面,尖形封料位不易封料且易于损坏。

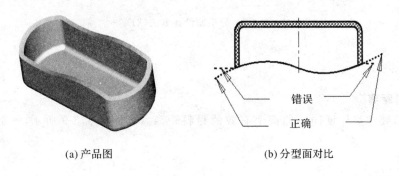

(a)产品图　　　　　　　　　　(b)分型面对比

图 3-5　分型面处理对比

当分型面为较复杂的空间曲面,且无法按曲面的曲率方向伸展一定距离时,不能将曲面直接延展到某一平面,这样将会产生如图 3-6(a)、图 3-7(a)所示的台阶及尖形封料面,而应该延曲率方向建构一个较平滑的封料曲面,如图 3-6(b)、图 3-7(b)所示。

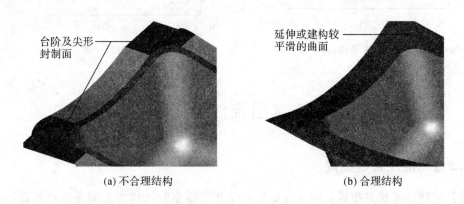

(a)不合理结构　　　　　　　　　(b)合理结构

图 3-6　分型面设计方法(1)

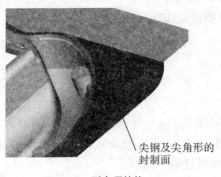
尖钢及尖角形的
封制面

(a) 不合理结构

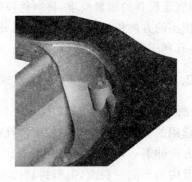

(b) 合理结构

图 3-7　分型面设计方法（2）

2. 封料距离

模具中，要注意保证同一曲面上有效的封料距离。如图 3-8，3-9 所示，一般情况要求 $D \geqslant 3\text{mm}$。

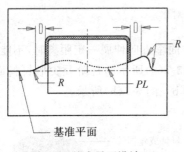

图 3-8　基准平面设计（1）

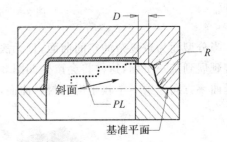

图 3-9　基准平面设计（2）

3.3　普通浇注系统设计

3.3.1　浇注系统组成

模具的浇注系统是指模具中从注塑机喷嘴开始到型腔入口为止的流动动通道，它可分为普通流道浇注系统和无流道浇注系统两大类型。普通流道浇注系统包括主流道、分流道、冷料井和浇口组成。如图 3-10 所示。

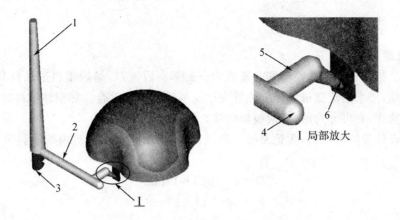

1—主流道；2—一级分流道；3—料槽兼冷料井；4—冷料井；5—二级分流道；6—浇口

图 3-10　浇注系统的组成

3.3.2　设计浇注系统应遵循的原则

(1)结合型腔的排样,应注意以下三点:

1)尽可能采用平衡式布置,以便熔融塑料能平衡地充填各型腔;

2)型腔的布置和浇口的开设部位尽可能使模具在注塑过程中受力均匀;

3)型腔的排列尽可能紧凑,减小模具外形尺寸。

(2)热量损失和压力损失要小

1)选择恰当的流道截面;

2)确定合理的流道尺寸;

在一定范围内,适当采用较大尺寸的流道系统,有助于降低流动阻力。但流道系统上的压力降较小的情况下,优先采用较小的尺寸,一方面可减小流道系统的用料,另一方面缩短冷却时间。

3)尽量减少弯折,表面粗糙度要低。

(3)浇注系统应能捕集温度较低的冷料,防止其进入型腔,影响塑件质量。

(4)浇注系统应能顺利地引导熔融塑料充满型腔各个角落,使型腔内气体能顺利排出。

(5)防止制品出现缺陷。避免出现充填不足、缩痕、飞边、熔接痕位置不理想、残余应力、翘曲变形、收缩不匀等缺陷。

(6)浇口的设置力求获得最好的制品外观质量。浇口的设置应避免在制品外观形成烘印、蛇纹、缩孔等缺陷。

(7)浇口应设置在较隐蔽的位置,且方便去除,确保浇口位置不影响外观及与周围零件发生干涉。

(8)考虑在注塑时是否能自动操作。

(9)考虑制品的后续工序,如在加工、装配及管理上的需求,须将多个制品通过流道连成一体。

3.3.3 主流道设计

1. 主流道

主流道是指紧接注塑机喷嘴到分流道为止的那一段流道,熔融塑料进入模具时首先经过它。一般地,要求主流道进口处的位置应尽量与模具中心重合。热塑性塑料的主流道,一般由浇口套构成,它可分为两类:两板模浇口套和三板模

浇口套设计参照图 3-11,无论是哪一种浇口套,为了保证主流道内的凝料可顺利脱出,应满足:

$$D = d + (0.5 \sim 1) \text{mm} \tag{3-1}$$

$$R_1 = R_2 + (1 \sim 2) \text{mm} \tag{3-2}$$

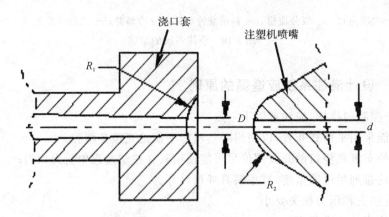

图 3-11 喷嘴与浇口套装配关系

2. 冷料井

(1)定义及作用

冷料井是为除去因喷嘴与低温模具接触而在料流前锋产生的冷料进入型腔而设置,如图 3-12 所示。它一般设置在主流道的末端,分流道较长时,分流道的末端也应设冷料井。

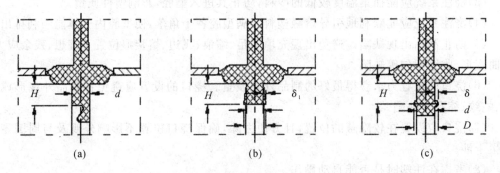

图 3-12 底部带拉料杆的冷料井

(2)设计原则

一般情况下,主流道冷料井圆柱体的直径为 6～12mm,其深度为 6～0mm。对于大型

制品,冷料井的尺寸可适当加大。对于分流道冷料井,其长度为(1~1.5)倍的流道直径。

(3)分类

1)底部带顶杆的冷料井

由于第一种加工方便,故常采用,如图 3-12(a)所示。Z 形拉料杆不宜多个同时使用,否则不易从拉料

杆上脱落浇注系统。如需使用多个 Z 形拉料杆,应确保缺口的朝向一致。但对于在脱模时无法作横向移动的制品,应采用第二种和第三种拉料杆,如图 3-12(b)、3-12(c)所示。根据塑料不同的延伸率选用不同深度的倒扣 δ。若满足:$(D-d)/D < \delta_1$,则表示冷料井可强行脱出。其中 δ_1 是塑料的延伸率。

2)推板推出的冷料井

这种拉料杆专用于制件以推板或顶块脱模的模具中。锥形头拉料杆(图 3-12(c)所示)靠塑料的包紧力将主流道拉住,不如球形头拉料杆和菌形拉料杆(图 3-13(a)、(b)所示)可靠。为增加锥面的摩擦力,可采用小锥度,或增加锥面粗糙度,或用复式拉料杆(图 3-13(d)所示)来替代。后两种由于尖锥的分流作用较好,常用于单腔成型带中心孔的制件上,比如齿轮模具。

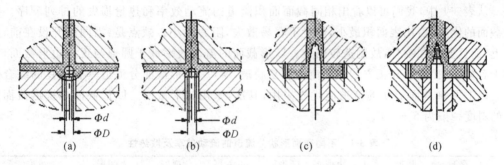

图 3-13 用于推板模的拉料杆

3)无拉料杆的冷料井

对于具有垂直分型面的注射模,冷料井置于左右两半模的中心线上,当开模时分型面左右分开,制品于前锋冷料一起拔出,冷料井不必设置拉料杆。见图 3-14。

4)分流道冷料井

一般采用图 3-15 中所示的两种形式:图(a)所示的将冷料井做在后模的深度方向;图(b)所示的将分流道在分型面上延伸成为冷料井。

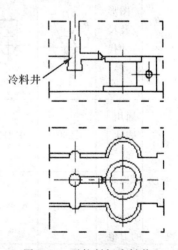

图 3-14 无拉料杆冷料井

3.3.4 分流道设计

熔融塑料沿分流道流动时,要求它尽快地充满型腔,流动中温度降尽可能小,流动阻力尽可能低。同时,应能将塑料熔体均衡地分配到各个型腔。所以,在流道设计时,应考虑:

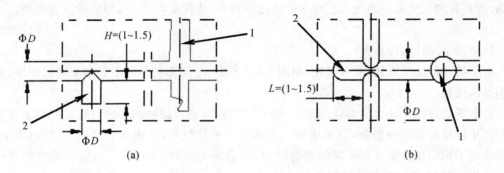

(a)　　　　　　　　　　　　　　　(b)

1—主流道；2—分流道冷料井

图 3-15　分流道冷料井

1. 流道截面形状的选用

　　较大的截面面积，有利于减少流道的流动阻力；较小的截面周长，有利于减少熔融塑料的热量散失。我们称周长与截面面积的比值为比表面积（即流道表面积与其体积的比值），用它来衡量流道的流动效率。即比表面积越小，流动效率越高。

　　从表 3-1 中，我们可以看出相同截面面积流道的流动效率和热量损失的排列顺序。圆形截面的优点是：比表面积最小，热量不容易散失，阻力也小。缺点是：需同时开设在前、后模上，而且要互相吻合，故制造较困难。U 形截面的流动效率低于圆形与正六边形截面，但加工容易，又比圆形和正方形截面流道容易脱模，所以，U 形截面分流道具有优良的综合性能。以上两种截面形状的流道应优先采用，其次，采用梯形截面。U 形截面和梯形截面两腰的斜度一般为 $5°\sim10°$。

表 3-1　不同截面形状分流道的流动效率及散热性

	名称	圆形	正六边形	U 形	正方形	梯形	半圆形	矩形	
流道截面	图形及尺寸代号								
效率（$P=S/L$）值	通用表达式	$0.250D$	$0.217b$	$0.250d$	$0.250b$	$0.250d$	$0.153d$	h	$b/2$　$0.167b$ $b/4$　$0.100b$ $b/6$　$0.071b$
	截面面积 $S=R^2$ 时的 P 值	$0.250D$	$0.239D$	$0.228D$	$0.222D$	$0.220D$	$0.216D$	h	$b/2$　$0.209D$ $b/4$　$0.177D$ $b/6$　$0.155D$
热量损失		最小	小	较小	较大	大	更大	最大	

2. 分流道的截面尺寸

分流道的截面尺寸应根据制件的大小、壁厚、形状与所用塑料的工艺性能、注射速率及分流道的长度等因素来确定。

对于我们现在常见（$2.0 \sim 3.0$）mm 壁厚，采用的圆形分流道的直径一般在 $3.5 \sim 7.0$mm 之间变动，对于流动性能好的塑料，比如：PE、PA、PP 等，当分流道很短时，可小到 $\Phi 2.5$mm。对于流动性能差的塑料，比如：PC、PMMA 等，分流道较长时，直径可 $\Phi 10 \sim \Phi 135$。实验证明，对于多数塑料，分流道直径在 $5 \sim 6$mm 以下时，对流动影响最大。但在 $\Phi 8.0$mm 以上时，再增大其直径，对改善流动的影响已经很小了。

一般说来，为了减少流道的阻力以及实现正常的保压，要求：

1）在流道不分支时，截面面积不应有很大的突变；

2）流道中的最小横断面面积大于浇口处的最小截面面积。

对于三板模来讲，以上两点尤其应该引起重视。

在图 3-16 的(a)图中，$H \geqslant D_1 > D_2 \geqslant D_3$；$d_1$ 大于浇口最小截面，一般取（$1.5 \sim 2.0$）mm，$h = d_1$，锥度 α 及 β 一般取 $2° \sim 3°$，δ 应尽可能大。为了减少拉料杆对流道的阻力，应将流道在拉料位置扩大；或将拉料位置做在流道推板上，如图 3-16(d)所示。

在图 3-16 的 b 图中，$H \geqslant D_1$，锥度 α 及 β 一般取 $2° \sim 3°$，锥形流道的交接处尺寸相差 $0.5 \sim 1.0$mm，对拉料位置的要求与图 3-16(a)相同。

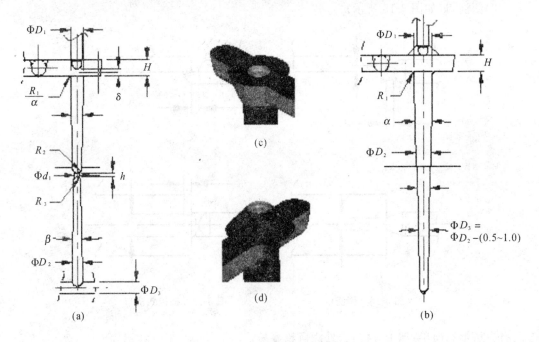

图 3-16　三板模流道结构及尺寸

3.3.5　浇口设计

浇口是浇注系统的关键部分，浇口的位置、类型及尺寸对制件质量影响很大。在多数情况下，浇口是整个浇注系统中断面尺寸最小的部分（除主流道型的直接浇口外）。

1. 浇口类型

(1)直接浇口(如图 3-17 所示)

优点:压力损失小、制作简单。

缺点:浇口附近应力较大、需人工剪除浇口(流道)、表面会留下明显浇口疤痕。

应用:

1)可用于大而深的桶形制件,对于浅平的制件,由于收缩及应力的原因,容易产生翘曲变形,如图 3-17(a)、(b)所示。

2)对于外观不允许浇口痕迹的制件,可将浇口设于制件内表面,如图 3-17(c)所示。这种设计方式,开模后制件留于前模,利用二次顶出机构(图中未示出)将制件顶出。

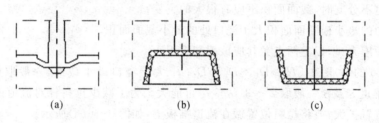

(a)　　　　　　　　　(b)　　　　　　　　　(c)

图 3-17　直接式浇口

(2)侧浇口(如图 3-18 所示)

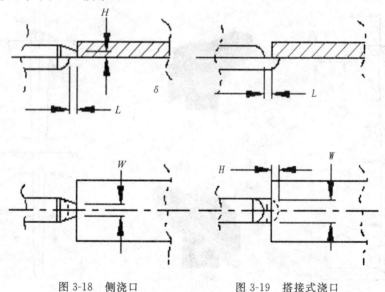

图 3-18　侧浇口　　　　　　图 3-19　搭接式浇口

优点:形状简单,加工方便,去处浇口较容易。

缺点:制件与浇口不能自行分离,制件易留下浇口痕迹。

参数:1)浇口宽度 W 为(1.5~5.0)mm,一般取 $W=2H$。大制件、透明制件可酌情加大;2)深度 H 为(0.5~1.5)mm。具体来说,对于常见的 ABS、HIPS,常取 $H=(0.4~0.6)\delta$,其中 δ 为制件基本壁厚;对于流动性能较差的 PC、PMMA,取 $H=(0.6~0.8)\delta$;对于 POM、PA 来说,这些材料流道性能好,但凝固速率也很快,收缩率较大,为了保证制件获得充分的保压,防止出现缩痕、皱纹等缺陷,建议浇口深度 $H=(0.6\sim0.8)\delta$;对于 PE、PP 等材料来说,且小浇口有利于熔体剪切变稀而降低黏度,浇口深度 $H=(0.4\sim0.5)\delta$。

应用:适用于各种形状的制件,但对于细而长的桶形制件不以采用。

(3)搭接式浇口(如图 3-19 所示)

优点:它是侧浇口的演变形式,具有侧浇口的各种优点;是典型的冲击型浇口,可有效地防止塑料熔体的喷射流动。

缺点:不能实现浇口和制件的自行分离;容易留下明显的浇口疤痕。

参数:可参照侧浇口的参数来选用。

应用:适用于有表面质量要求的平板形制件。

(4)针点浇口(如图 3-20 所示)

优点:浇口位置选择自由度大,浇口能与制件自行分离,浇口痕迹小,浇口位置附近应力小。

缺点:注射压力较大,一般须采用三板模结构,结构较复杂。

参数:1)浇口直径 d 一般为$(0.8\sim1.5)$mm;2)浇口长度 L 为$(0.8\sim1.2)$mm;3)为了便于浇口齐根拉断,应该给浇口做一锥度 α,大小 $15°\sim20°$左右;浇口与流道相接处圆弧 R_1 连接,使针点浇口拉断时不致损伤制件,R_2 为$(1.5\sim2.0)$mm,R_3 为$(2.5\sim3.0)$mm,深度 $h=(0.6\sim0.8)$mm。

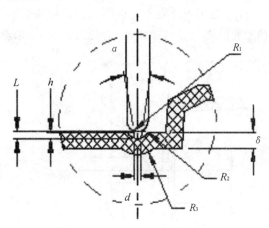

图 3-20　针点浇口

应用:常应用于较大的面、底壳,合理地分配浇口有助于减少流动路径的长度,获得较理想的熔接痕分布;也可用于长筒形的制件,以改善排气。

(5)扇形浇口(如图 3-21 所示)

优点:熔融塑料流经浇口时,在横向得到更加均匀的分配,降低制件应力;减少空气进入型腔的可能,避免产生银丝、气泡等缺陷。

缺点:浇口与制件不能自行分离,制件边缘有较长的浇口痕迹,须用工具才能将浇口加工平整。

参数:1)常用尺寸深 H 为$(0.25\sim1.60)$mm;2)宽 W 为 8.00mm 至浇口侧型腔宽度的 1/4;3)浇口的横断面积不应大与分流道的横断面积。

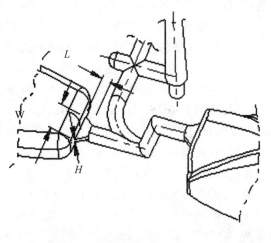

图 3-21　扇形浇口

应用:常用来成型宽度较大的薄片状制件,流动性能较差的、透明制件。比如 PC、PMMA 等。

（6）潜伏式浇口（如图 3-22 所示）

优点：浇口位置的选择较灵活；浇口可与制件自行分离；浇口痕迹小；两板模、三板模都可采用。

缺点：浇口位置容易拖制粉；入水位置容易产生烘印；需人工剪除制片；从浇口位置到型腔压力损失较大。

参数：1）浇口直径 d 为 0.8～1.5mm，

2）进制方向与铅直方向的夹角 α 为 30°～50°之间

3）鸡嘴的锥度 β 为 15°～25°之间。

4）与前模型腔的距离 A 为（1.0～2.0）mm。

应用：适用于外观不允许露出浇口痕迹的制件。对于一模多腔的制件，应保证各腔从浇口到型腔的阻力尽可能相近，避免出现滞流，以获得较好的流动平衡。

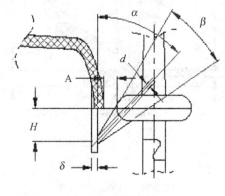 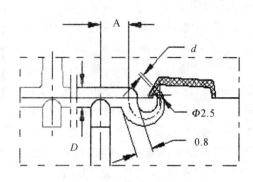

图 3-22　潜伏式浇口　　　　　　　图 3-23　弧形浇口

（7）弧形浇口（如图 3-23 所示）

优点：浇口和制件可自动分离；无需对浇口位置进行另外处理；不会在制件的外观面产生浇口痕迹。

缺点：可能在表面出现烘印；加工较复杂；设计不合理容易折断而堵塞浇口。

参数：1）浇口入水端直径 d 为（$\Phi0.8$～$\Phi1.2$）mm，长（1.0～1.2）mm；

2）A 值为 2.5D 左右；

3）$\Phi2.5$min 是指从大端 0.8D 逐渐过渡到小端 $\Phi2.5$。

应用：常用于 ABS、HIPS。不适用于 POM、PBT 等结晶材料，也不适用于 PC、PMMA 等刚性好的材料，防止弧形流道被折断而堵塞浇口。

（8）护耳式浇口（如图 3-24 所示）

优点：有助于改善浇口附近的气纹。

缺点：需人工剪切浇口；制件边缘留下明显浇口痕迹。

参数：护耳长度 $A=$（10～15）mm，宽度 $B=A/2$，厚度为进口处型腔断面壁厚的 7/8；浇口宽 W 为（1.6～3.5）mm，深度 H 为（1/2～2/3）的护耳厚度，浇口长（1.0～2.0）mm。

应用：常用于 PC、PMMA 等高透明度的塑料制成的平板形制件。

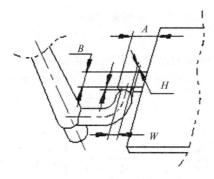

图 3-24　护耳式浇口

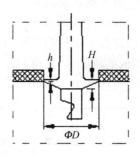

图 3-25　圆环形浇口

(9)圆环形浇口(如图 3-25 所示)

优点:1)流道系统的阻力小;

　　　2)可减少熔接痕的数量;

　　　3)有助于排气;

　　　4)制作简单。

缺点:1)需人工去除浇口;

　　　2)会留下较明显的浇口痕迹。

参数:1)为了便于去除浇口,浇口深度 h 一般为(0.4~0.6)mm;

　　　2)H 为(2.0~2.5)mm。

应用:适用于中间带孔的制件。

3.4　排气系统的设计

模具内的气体不仅包括型腔里空气,还包括流道里的空气和塑料熔体产生的分解气体。在注塑时,这些气体都应顺利的排出。

3.4.1　排气不足导致的问题

为了使塑料熔体顺利充填模具型腔,必须将浇注系统和型腔内的空气以及塑料在成型过程中产生的低分子挥发气体顺利地排出模外。如果型腔内因各种原因所产生的气体不能被排除干净,塑件上就会形成气泡、凹陷、熔接不牢、表面轮廓不清晰等缺陷,具体如下:

(1)在制件表面形成烘印、气花、接缝,使表面轮廓不清;

(2)充填困难,或局部飞边;

(3)严重时在表面产生焦痕;

(4)降低充模速度,延长成型周期。

3.4.2　排气方法

我们常用的排气方法有以下几种:

1. 开排气槽

排气槽一般开设在前模分型面熔体流动的末端,如图 3-26 所示,宽度 $b = (5 \sim 8)$ mm,长度 L 为 8.0mm~10.0mm 左右。

排气槽的深度 h 因树脂不同而异,主要是考虑树脂的黏度及其是否容易分解。作为原则而言,黏度低的树脂,排气槽的深度要浅。容易分解的树脂,排气槽的面积要大,各种树脂的排气槽深度可参考表 3-2。

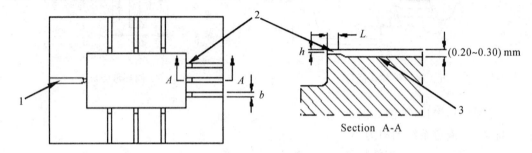

1—分流道;2—排气槽;3—导向沟

图 3-26　排气槽的设计

表 3-2　各种树脂的排气槽深度

树脂名称	排气槽深度/mm	树脂名称	排气槽深度/mm
PE	0.02	PA(含玻纤)	0.03~0.04
PP	0.02	PA	0.02
PS	0.02	PC(含玻纤)	0.05~0.07
ABS	0.03	PC	0.04
SAN	0.03	PBT(含玻纤)	0.03~0.04
ASA	0.03	PBT	0.02
POM	0.02	PMMA	0.04

2. 利用分型面排气

对于具有一定粗糙度的分型面,可从分型面将气体排出。见图 3-27。

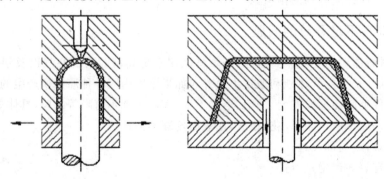

图 3-27　利用分型面排气　　　图 3-28　利用顶针的配合间隙排气

3. 利用顶杆排气

制件中间位置的困气,可加设顶针,利用顶针和型芯之间的配合间隙,或有意增加顶针之间的间隙来排气,见图 3-28。

4. 利用镶拼间隙排气

对于组合式的型腔、型芯，可利用它们的镶拼间隙来排气，见图 3-29、图 3-30。

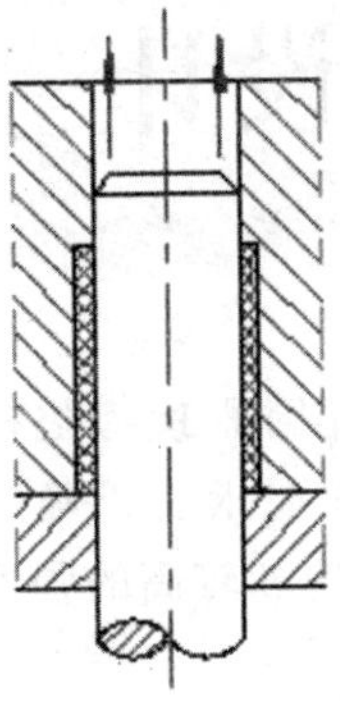

图 3-29　利用镶拼间隙排气(1)

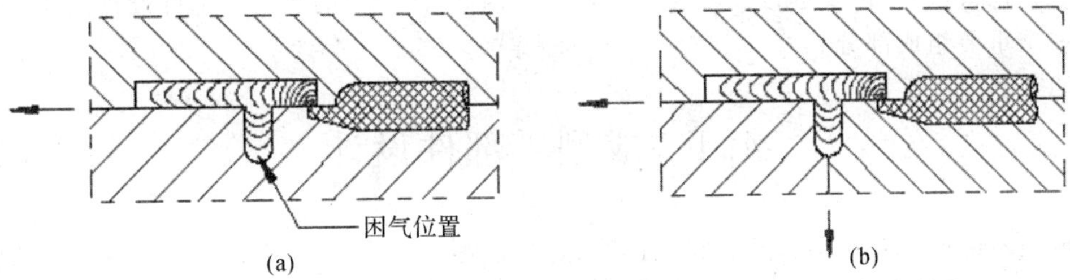

图 3-30　利用镶拼间隙排气(2)

5. 透气元件排气

透气元件是一种烧结合金，它是用球状颗粒合金烧结而成的材料，强度较差，但质地疏松，允许气体通过。在需排气的部位放置一块这样的合金即达到排气的目的。但底部通气孔的直径 D 不宜太大，以防止型腔压力将其挤压变形，如图 3-31 所示。由于透气钢的热传导率低，不能使其过热，否则，易产生分解物堵塞气孔。

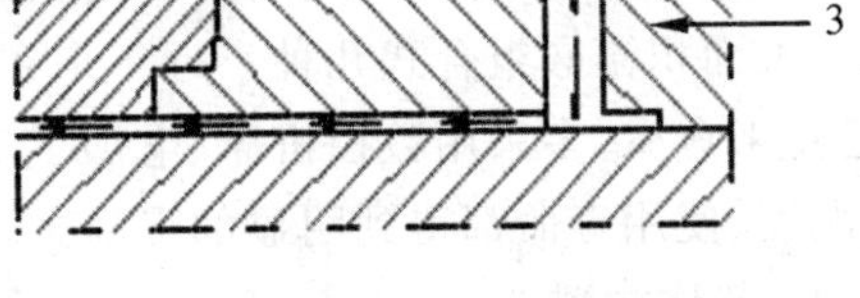

1—前模；2—透气钢；3—型芯

图 3-31　透气钢排气

第4章 成型零部件设计

构成模具型腔的所有零部件称为成型零部件。成型零件工作时直接与塑料熔体接触，要承受熔融塑料流的高压冲刷、脱模摩擦等。因此，成型零件不仅要求有正确的几何形状、较高的尺寸精度和较低的表面粗糙度值，而且还要求有合理的结构和较高的强度、刚度及较好的耐磨性。

设计注射模的成型零件时，应根据成型塑件的塑料性能、使用要求、几何结构，并结合分型面和浇口位置的选择、脱模方式和排气位置的考虑来确定型腔的总体结构；根据塑件的尺寸计算成型零件型腔的尺寸；确定型腔的组合方式；确定成型零件的机械加工、热处理、装配等要求；对关键的部位要进行强度和刚度校核。因此，注射模的成型零部件设计是注射模设计的一个重要组成部分。

4.1 成型零部件设计

成型零部件主要包括型腔、凸模、镶块、各种成型杆。由于型腔直接与高温高压的塑料相接触，它的质量直接关系到制件质量，因此要求它有足够的强度、刚度、硬度、耐磨性，以承受塑料的挤压力和料流的摩擦力；有足够的精度和适当的表面粗糙度（一般在 $Ra\,0.4\mu m$ 以下），以保证塑料制品表面的光亮美观、容易脱模。一般来说，成型零件都应进行热处理或预硬化处理，使其具有 30HRC 以上的硬度。如成型有腐蚀性气体产生的塑料如聚氯乙烯等，还应选用耐腐蚀的钢材或表面镀硬铬。

下面分别对型腔、型芯和成型杆、螺纹型芯或螺纹型环的结构设计进行讨论。

4.1.1 型腔结构设计

型腔是成型塑件外表面的部件，型腔按其结构不同可分为整体式、整体嵌入式、局部镶嵌式、大面积镶嵌组合式几种。近年来在技术较先进的模具制造厂家，采用组合式结构的型腔已愈来愈少，多采用数控机床、电加工等方法使型腔一次性整体成型，这样型腔的精度、强度、刚度、使用寿命都得到明显的提高。

1. 整体式型腔

如图 4-1 所示，整体式型腔由一整块金属加工而成，特点是牢固、不易变形、没有拼接线。因此对于简单形状的型腔，容易制造。但即使型腔形状比较复杂，由于现在的模具加工大量使用了加工中心、数控机床、电加工等设备，因此也可以进行复杂曲面、高精度的加工。因此随着型腔加工技术的发展和进步，许多过去必须组合加工的较复杂的型腔现在也可以设计成整体式结构了，特别是大型的复杂形状的型腔模具，大量采用了整体式型腔结构，如图 4-2 所示。

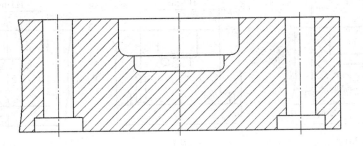

图 4-1 整体式型腔

2. 整体嵌入式型腔

图 4-2 汽车模具(整体式型腔)

1—定模板;2—型腔镶块

图 4-3 整体嵌入式型腔

为了便于加工,保证型腔沿主分型面分开的型腔和凸模在合模时的配合准确性,常将型腔和凸模做出整体嵌入式,即把产品部分和分型面部分做成单独镶块。两镶块的外形轮廓尺寸(长和宽)相同,分别镶入相互配好的定、动模板的矩形槽内(如图 4-3 所示)。为保证两镶块镶入后的配合良好,现在一般使用高精度的加工中心进行分别加工。

在多型腔的模具中,型腔一般均采用加工中心或电火花等加工方法单独加工成型腔镶块。型腔镶块的外形常采用带轴肩的台阶的圆柱形,然后分别从上下嵌入型腔固定板中,用垫板和螺钉将其固定,如图 4-4(a)所示。也可不用轴肩而用螺钉从背面紧固,如图 4-4(d)、图 4-4(e)所示。

如果制件不是旋转体,而型腔的外表面为旋转体时,则应考虑止转定位。常用销钉定位,如图 4-4(b)所示,销钉孔可钻在连接缝上(骑缝销钉),也可钻在凸肩上。当型腔镶件经淬火后硬度很高不便加工销孔或骑缝钉孔时,最好利用磨削出的平面采用键定位(见图 4-4(c)),键定位特别适用于在多型腔模具中固定成排的定模,也适用于型腔经常拆卸的地方。

型腔也可以从分型面的一边直接嵌入型腔固定板中,如图 4-4(d)、(e)所示,这样可省去垫板。

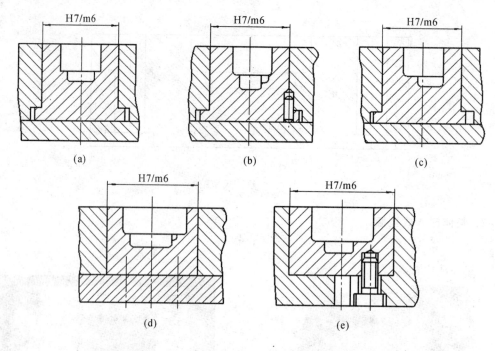

图 4-4　整体嵌入式型腔结构图

3. 局部镶嵌式型腔

在某些情况下，由于型腔成型部分形状的限制，为了加工方便或由于型腔的某一部分容易损坏，需经常更换者应采取局部镶嵌的办法。如图 4-5(a)所示的异形型腔，先钻周围的小孔，再在小孔内镶入芯棒，车削加工出型腔大孔，加工完毕后把这些被切掉部分的芯棒取出，调换完整的芯棒镶入，便得到图示的型腔。图 4-5(b)所示型腔内有局部突起，可将此突起部分单独加工，再把加工好的镶块利用圆形槽(也可以用 T 形槽、燕尾槽等)镶在圆形型腔内。图 4-5(c)是利用局部镶嵌的办法加工圆形型腔。图 4-5(d)是型腔底部局部镶嵌。图 4-5(e)是利用局部镶嵌的办法加工长条形型腔。上述方法使加工简化，成本降低。

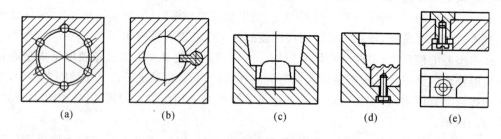

图 4-5　局部镶嵌式型腔

4. 底部大面积镶嵌组合式型腔

为了机械加工、研磨、抛光、热处理的方便而采取大面积组合的办法，最常见的是把型腔做成穿通的，再镶上底，如图 4-6 所示。其中图 4-6(a)的形式镶嵌比较简单，但结合面应仔细磨平，加工和抛光型腔内壁时，要注意保护与底板接合处的锐棱不能损伤，更不能带圆角，以免造成反锥度而影响脱模。底板还应有足够的厚度,以免变形而楔入塑料。图 4-6(b)用于深型腔当其底部加工较困难的情况。图 4-6(c)、(d)的结构制造比较麻烦,但垂直的配合面不易楔入塑料。

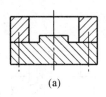 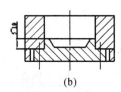 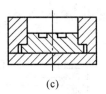 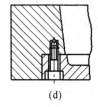

| (a) | (b) | (c) | (d) |

图 4-6　底部大面积镶嵌组合式型腔

对于大型和形状复杂的型腔,当型腔的侧壁上有较复杂的花纹或形状时,可以把它的四壁和底分别加工经研磨后压入模套中,如图 4-7 所示。侧壁之间采用锁扣连接以保证连接的准确性,连接处其外侧做成有 0.3～0.4mm 的间隙,使内侧接缝紧密,在四角,嵌入件的转角半径 R 应大于模板的转角半径 r。图 4-7 的型腔内壁有圆角 R。四壁拼合后用模套紧固的结构使模壁总厚度增大,故较少采用。

但是,随着近年来由于加工技术的进步,特别是加工中心的出现,许多以往的型腔组合方式愈来愈多地被整体式结构所代替。这样不但能提高型腔的强度,而且大大地提高了加工精度和塑件的质量。

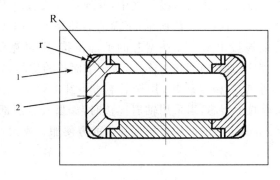

1-模套;2-镶块
图 4-7　四壁拼合组合式型腔

4.1.2　型芯结构设计

型芯和成型杆都是用来成型塑件内表面的零件,二者并无严格的区分。一般来说成型杆多是指成型制件上孔的小型芯。

型芯也有整体式和组合式之分,形状简单的主型芯和模板可以做成整体式,如图 4-8(a)所示。形状比较复杂或形状虽不复杂,但从节省贵重钢材、减少加工工作量考虑多采用组合式型芯。固定板和型芯可分别采用不同的材料制造和热处理,然后再连成一体。图 4-8(b)为最常用的连接形式,即用轴肩和底板连接。当轴肩为圆形而成型部分为非回旋体时,为了防止型芯在固定板内转动,也和整体嵌入式型腔一样在轴肩处用销钉或键止转。此外还有用螺钉和销钉连接的,如图 4-8(c)、(d)所示。螺钉连接虽然比较简单,但不及轴肩连接牢固可靠,为了防止侧向位移应采取销钉定位,由于后加工销孔的原因,这种结构不适于淬火的型芯,最好将淬火型芯局部嵌入模块来定位,如图 4-8(d)所示。或将型芯下部加工出截面较小或较大的规则阶梯,再镶入模板,如图 4-8(e)、(f)所示。有时需在模板上加工出凹槽,用它来成型制品的凸边,如图 4-8(g)所示。

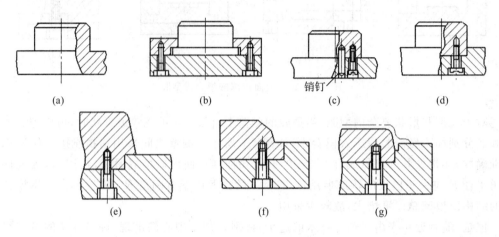

(a)   (b)   (c)   (d)

销钉

(e)   (f)   (g)

图 4-8   型芯结构形式

　　成型杆或小型芯常单独制造,再嵌入模板之中,其连接方式有以下几种:最简单的是用静配合直接从模板上面压入,如图 4-9(a)所示,下面的通孔是更换时顶出型芯用的,这种结构当配合不紧密时有可能被拔出来。如在型芯的下部铆接,则可克服上述缺点,如图 4-9(b)所示。图 4-9(c)为最常用的轴肩和垫板连接,对于细而长的型芯,为了便于制造和固定,常将型芯下段加粗或将小型芯做得较短,用圆柱衬垫(图 4-9(d))或用螺钉压紧(图 4-9(e))。对于多个互相靠近的小型芯,当采用轴肩连接时,如果其轴肩部分互相重叠干涉,可以把轴肩相碰的一面磨去,固定板的凹坑可根据加工的方便加工成大直径圆坑或铣成长槽,如图 4-10(a)、(b)所示。

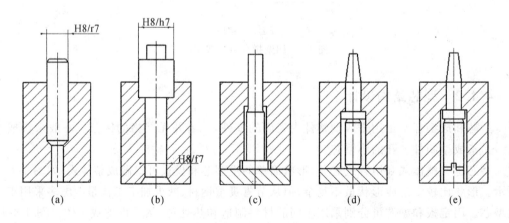

(a)   (b)   (c)   (d)   (e)

图 4-9   成型杆的组合形式

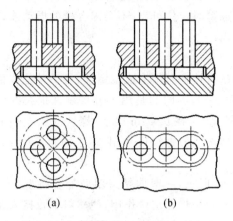
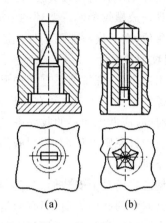

图 4-10　中心距相近的多型芯固定方式　　　　图 4-11　非圆形型芯的固定方式

　　对于非圆形型芯,为了制造方便,可以把它下面一段做成圆形的,并采用轴肩连接,仅上面一短段做成异形的,如图 4-11(a)所示,模板上的异形孔可方便地采用线切割加工。有时只将成型部分做成异形的,以下则做成圆柱形,用螺母和弹赞垫圈拉紧,如图 4-11(b)所示。

　　对于形状复杂的型芯,为了便于加工,也可以做出拼合的形式,这时应注意其结构的合理性。图 4-12 所示为采用两个型芯镶入,但由于型芯孔之间壁很薄,热处理时易开裂变形,因此必须进行改进,可以选择其中一个作为镶块。图 4-13 则是组合式型芯的另一例。复杂型芯中有凸起,切削加工困难,因此将凸起部分做出小型芯,中心长方孔用线切割加工,孔和芯子研磨组合。也可以将大型芯从中剖开,然后根本进行切削加工和研磨配合,再组合在一起,这样使加工更加容易。

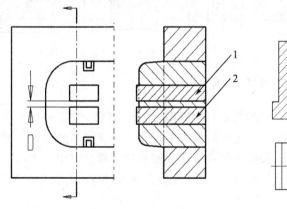
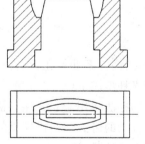
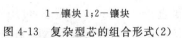

图 4-12　复杂型芯的组合形式(1)

1—镶块 1;2—镶块
图 4-13　复杂型芯的组合形式(2)

4.1.3　螺纹型芯和螺纹型环结构设计

制品上内螺纹(螺孔)采用螺纹型芯成型,外螺纹采用螺纹型环成型,此外螺纹型芯或型环还可用来固定金属螺纹嵌件。无论是螺纹型芯还是螺纹型环，在模具结构上都有模内自动脱料和模外手动脱料两种类型，这里只介绍在模外脱料的结构，这种结构比较简单。

在模具安放螺纹型芯或型环的主要要求是：成型时定位可靠，不会因合模的振动或料流的冲击而移位，在开模时能随制件一道方便地取出。

1. 螺纹型芯设计

按照用途来分，螺纹型芯有两种形式。一种是直接在制件上成型螺纹，另一种是成型时用以固定螺纹嵌件。两者之间在结构上并无多大区别，不同的是用于成型制件螺纹的螺纹型芯，在设计时应考虑塑料的收缩率，表面粗糙度 Ra 应在 $0.4\mu m$ 以下，螺纹的始端和末端均应按螺纹设计原则设计，而紧固嵌件的螺纹型芯按一般螺纹尺寸制造，表面粗糙度 Ra 在 $1.6\mu m$ 以下即可。

螺纹型芯在模具上安装形式有多种，如图 4-14 所示，一般均是采用动配合将型芯杆直接插入模具对应的孔中。图 4-14(a)是利用圆锥面起密封和定位作用，使塑料不致挤入装插嵌件的孔中，此外，将型芯做出圆柱形的台阶也可以定位和防止型芯下沉，如图 4-14(b)所示。图 4-14(c)系利用外圆面配合，为防止塑料注入时螺纹型芯下沉，孔的下面设有垫板，以支承住螺纹型芯。若螺纹型芯是用来固定螺纹嵌件的，常直接利用嵌件与模具的接触面来防止型芯下沉，如图 4-14(d)所示。螺纹型芯尾部应做成四方形或将相对两边磨出两个平面，以便在脱模后夹持型芯，将它从塑件拧下。固定嵌件的螺纹型芯其螺纹直径小于 M3 时，在塑料流的冲击下，螺杆容易弯曲（特别是压模），这时可将嵌件的下端嵌入模体（见图 4-14(e)），这样一来既增加了嵌件的稳定性，同时又能可靠地阻止塑料挤入嵌件的固定孔中。

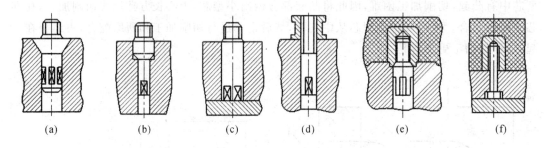

(a)   (b)   (c)   (d)   (e)   (f)

图 4-14　螺纹型芯的安装方式

在注塑模具中，若嵌件系非通孔，小直径的螺纹（如 M3.5 以下）嵌件，可直接将嵌件插在固定于模具上的光杆型芯上（见图 4-14(f)），这样就省去了模外卸螺纹型芯的操作。上述各种固定螺纹型芯的办法多用于立式注塑机的下模或卧式注塑机的定模。对于立式机上模或合模时冲击振动较大的卧式注塑机模具的动模边，当螺纹型芯插入时应有弹性连接装置，以免合模时型芯落下或移位，造成废品或事故。

对于直径小于 8mm 的型芯，可用豁口柄的形式，如图 4-15(a)所示，豁口柄的弹力将型芯的支持在模具的孔内，成型后随制件一起拉出。图 4-15(b)增加了一个台阶，用来直接成型螺纹，台阶不但起定位作用，还可防止塑料的挤入。当型芯直径较大时，豁口柄的连接力较弱，可采用弹簧钢丝起连接作用。图 4-15(c)常用于直径 5～10mm 的型芯，其结构类似雨伞柄上的弹簧装置。弹簧用 $\Phi0.8～1.2mm$ 的钢丝制成。图 4-15(d)的结构较简单，将钢丝

嵌入旁边的槽内,上端铆压固定,下端向外伸出。当螺纹直径超过 10mm 时,可采用图 4-15
(e)的结构,用弹簧钢球固定螺纹型芯,要求钢球和弹簧的位置正好对准型芯杆的凹槽。当
型芯的直径大于 15mm 时,则可反过来将钢球和弹簧装置在芯杆内,避免在模板上钻深孔。
图 4-15(f)利用弹簧长圈装在型芯杆的沟槽内,结构简单,适用于直径大于 15mm 的型芯杆。
图 4-15(g)表示用弹簧夹头连接,它是很可靠的,缺点是所占的位置大、制造复杂。

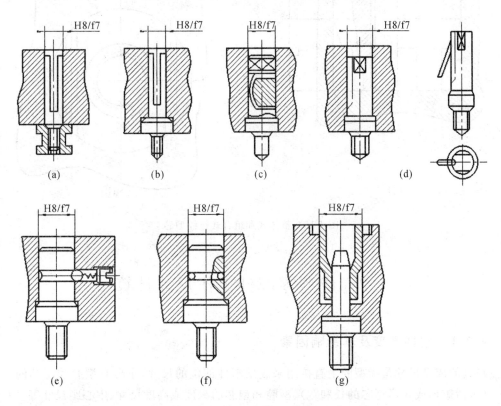

图 4-15 带弹性连接的螺纹型芯安装方式

2. 螺纹型环设计

螺纹成型环在模具闭合前装在型腔内,成型后随制件一起脱模,在模外卸下。常见有两
种结构,一种是整体式的螺纹型环,螺纹型环的外径与模具孔间采用 H8/f8 配合,配合高度
3~10mm,其余可倒成 3°~5°的角,下面加工成台阶平面,以便用扳手将其从制件拧下来,台
阶平面的高度可取 $H/2$,如图 4-16(a)所示。第二种形式为组合式螺纹型环,它适用于精度
要求不高的粗牙螺纹的成型,通常由两半块组成,两半之间采用小导柱定位,装入模具时螺
纹型环外表面被锥面锁紧。为便于分型可在结合面外侧开两条楔形槽,用尖劈状分模器分
开,如图 4-16(b)所示。这种方式卸螺纹快而省力,但会在接缝处留下难以修除的溢边
痕迹。

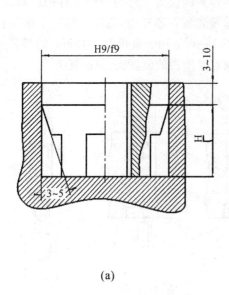
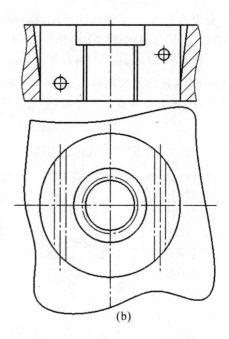

图 4-16　整体式和组合式螺纹型芯

4.2　成型零部件工作尺寸计算

4.2.1　塑件精度及其影响因素

模具的成型尺寸是指型腔上直接用来成型塑件部位的尺寸,主要有型腔和型芯的径向尺寸(包括矩形或异形型芯的长和宽)、型腔和型芯的深度或高度尺寸、中心距尺寸等。在设计模具时必须根据制品的尺寸和精度要求来确定成型零件的相应的尺寸和精度等级,给出正确的公差值。任何塑件都有一定的尺寸精度要求,一般来说工业配件、电子电器产品塑件的尺寸精度要求较高。就同一塑件来说,塑件上各个尺寸的精度要求也有很大差异,在使用和安装过程中有配合要求的尺寸,其精度要求较高应作详细计算。影响塑件尺寸精度的因素较为复杂,主要有以下几方面。

首先是成型零件制造公差,显然成型零件的精度愈低,所生产塑件的尺寸或形状精度也愈低。其次是设计模具时,所估计的塑件收缩率与实际收缩率的差异和生产制品时收缩率的波动都会影响塑件精度。此外型腔在使用过程中不断磨损,使得同一模具在新的时候和用旧磨损以后所生产的制件尺寸各不相同。模具可动成型零件配合间隙变化值,模具固定成型零件安装尺寸变化值等,都会影响塑件的误差,塑件上某尺寸可能出现的最大总误差值为影响该尺寸各误差值的总和(见式 4-1)。

$$\delta = \delta_z + \delta_c + \delta_s + \delta_j + \delta_a \tag{4-1}$$

式中　δ——塑件成型总误差;

δ_z——模具成型零件制造误差;

δ_c——模具成型零件磨损引起的误差；

δ_s——塑料收缩率波动引起的误差；

δ_j——模具成型零件配合间隙变化误差；

δ_a——模具装配误差。

虽然各项误差同时达到最大值的概率极小，但影响塑件尺寸的因素较多，累积误差较大，因此塑料制品的精度往往较低，并总是低于成型零件的制造精度，应慎重选择塑件的精度，以免给模具制造和工艺操作带来不必要的困难。为了使生产的塑件完全合格，其规定公差值 Δ 应大于或等于以上各项因素带来的累积误差，即：

$$\Delta \geqslant \delta \tag{4-2}$$

应当说明，并不是塑料制品的任何尺寸都与以上各种因素有关，例如整体制造的型腔所成型制件，其径向尺寸就不存在安装误差和配合间隙的影响。现对影响制件公差的三个主要因素进行讨论。

(1)成型零件制造误差

模具成型零件的制造精度是影响塑件尺寸精度的重要因素之一。模具成型零件的制造精度愈低，塑件尺寸精度也愈低。一般成型零件工作尺寸制造公差值取塑件的 $1/3 \sim 1/4$ 作为制造公差，组合式型腔或型芯的制造公差应根据尺寸链来决定。

(2)成型收缩率波动的影响

按照对于塑件成型收缩率的定义

$$S = \frac{L_m - L_s}{L_m} \times 100\% \tag{4-3}$$

式中　S——塑件成型收缩率；

L_m——模具成型尺寸，mm；

L_s——塑件对应尺寸，mm。

成型收缩率波动是由于塑件生产时成型工艺条件波动、操作方式改变、材料批号发生变化等原因造成的，收缩率波动引起制品尺寸的变化值与该尺寸大小成正比。

$$\delta = (S_{max} - S_{min})L_m \tag{4-4}$$

式中　S_{max}——塑件的最大收缩率；

S_{min}——塑件的最小收缩率；

L_m——塑料制件的名义尺寸，mm。

(3)型腔成型零件磨损量的影响

塑料在型腔中流动或塑件脱模时与型腔壁摩擦造成成型零件的磨损。在加工过程中成型零件不均匀地磨损、锈蚀，使表面光洁度降低，而重新打磨抛光也会造成成型零件的磨损。

上述诸因素中脱模时塑件对成型零件的磨损是主要的，为简便起见，凡与脱模方向垂直的面不考虑磨损量，与脱模方向平行的面才予考虑。磨损量应根据模具的使用寿命选定，磨损值随着产量增加而增大，对生产批量较小的模具取较小值，甚至不考虑磨损量(例如产量在万件以内者)。还应考虑塑料对钢材磨损情况，以玻璃纤维、玻璃粉、石英粉等硬质无机物作填料的塑料磨损较为严重，可取大值，反之对钢材磨损系数小的热塑性塑料取小值，甚至予以忽略。同时还应考虑模具材料的耐磨性及热处理情况，型腔表面是否镀铬、氮化等。

中小型塑件的模具，最大磨损量可取塑件总误差的 $1/6$，对生产大型制件的模具应取

1/6以下。但实际上对于聚烯烃、尼龙等塑料来说对模具的磨损是很小的,对小型塑件来说,成型零件磨损量对塑件总误差有一定影响,而对大型塑件的大尺寸则影响很小。

另外,从式(6-4)可以看出收缩率波动值随制件尺寸增大而成正比地增加,从式(6-4)可以看出,制造误差随制件尺寸增大而呈立方根关系增大,而磨损量随着制件尺寸增大而增加的速度十分缓慢。因此我们可以得出结论:生产大尺寸塑件时,因收缩率波动对制件误差影响较大,若单靠提高模具制造梢度来提高塑件精度是困难的和不经济的,而应着重稳定工艺条件,选用收缩率波动小的塑料。相反,生产小尺寸塑件时,影响塑件误差的主要因素中模具成型零件的制造误差和成型零件表面的磨损值则占有较大的比例,应与收缩率波动的影响同时加以考虑。

对一副已制造完毕的模具来说,其制造误差、安装误差都已成为系统误差,在生产现场模具磨损值忽略不计时,塑件尺寸的误差则主要由收缩率的波动决定。

但在模具设计时则必须同时考虑成型收缩率波动所造成的误差、模具制造误差(含安装误差)、设计时收缩率选择不准造成的误差和磨损造成的误差,并适当地留有修模余量。

4.2.2 型腔和型芯径向尺寸的计算

1. 型腔径向尺寸的计算

塑件的基本尺寸 L_s 是最大尺寸,其公差 Δ 为负偏差,如果塑件原有的公差的标注与此不符合,应按此规定转换为单向负偏差,因此,塑件的平均径向尺寸为 $L_s-\Delta/2$。模具型腔的基本尺寸 L_m 是最小尺寸,公差为正偏差,型腔的平均尺寸则为 $L_m+\delta_z/2$。型腔的评价磨损量为 $\delta_z/2$,考虑到评价收缩率,则可列出如下等式:

$$L_m+\frac{\delta_z}{2}+\frac{\delta_c}{2}=(L_s-\frac{\Delta}{2})+(L_s-\frac{\Delta}{2})\overline{S}$$

略去比其他各项小得多的 $\overline{S}$ 与 $\Delta/2$,则得到模具型腔的径向尺寸为:

$$L_m=(1+\overline{S})L_s-\frac{\Delta+\delta_z+\delta_c}{2}$$

由于 δ_z 和 δ_c 是与 Δ 有关的量,因此,公式后半部分可用 $x\Delta$ 表示,标注制造公差后得:

$$(L_m)_0^{+\delta_z}=[(1+\overline{S})L_s-x\Delta]_0^{+\delta_z} \tag{4-5}$$

由于 δ_z、δ_c 与 Δ 的关系随塑件的精度等级和尺寸大小的不同而变化,因此式中 Δ 前的系数 x 在塑料件尺寸较大、精度级别较低时,δ_z 和 δ_c 可忽略不计,则 $x=0.5$;当塑件尺寸较小,精度级别较高时,δ_c 可取 $\Delta/6$、δ_z 可取 $\Delta/3$,此时,$x=0.75$。则式(4-5)为:

$$(L_m)_0^{+\delta_z}=[(1+\overline{S})L_s-(0.5\sim0.75)\Delta]_0^{+\delta_z} \tag{4-6}$$

2. 型芯径向尺寸的计算

塑件孔的径向基本尺寸 L_s 是最小尺寸,其公差 Δ 为正偏差,型芯的基本尺寸 L_m 是最大尺寸,制造公差为负偏差。经过与上面型腔径向尺寸相类似的推导,可得:

$$(L_m)_{-\delta_z}^0=[(1+\overline{S})L_s+(0.5\sim0.75)\Delta]_{-\delta_z}^0 \tag{4-7}$$

为了脱模方便,型腔或型芯都设计有脱模斜度。这时,计算型腔尺寸时,应以大端尺寸为基准,另一端按脱模斜度相应减少,计算型芯尺寸时,应以小端尺寸为基准,另一端按脱模斜度相应增大,这样便于修模时留有余量。

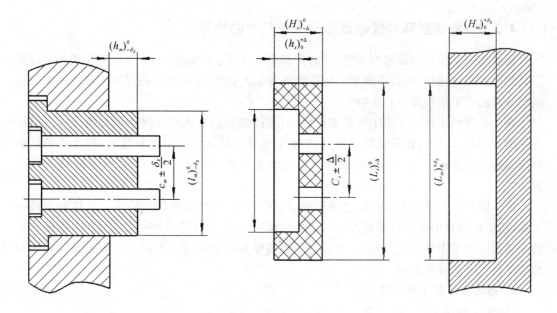

图 4-17 模具零件工作尺寸与塑件尺寸的关系

4.2.3 型腔和型芯高度尺寸的计算

在计算型腔深度和型芯高度尺寸时,由于型腔的底面或型芯的端面磨损很小,所以可以不考虑磨损量,由此推出:

型腔深度公式: $(H_m)_0^{+\delta_z}=[(1+\overline{S})L_s-x\Delta]_0^{+\delta_z}$ （4-8）

型芯高度公式: $(h_m)_{-\delta_z}^0=[(1+\overline{S})L_s+x\Delta]_{-\delta_z}^0$ （4-9）

上两式中修正系数 $x=1/2\sim2/3$,即当塑件尺寸较大、精度要求低时取小值,反之取大值。

4.2.4 中心距尺寸的计算

塑件凸台之间、凹槽之间或凸台与凹槽之间的中心线的距离称为中心距。由于中心距的公差都是双向等值公差,同时磨损的结果不会使中心距尺寸发生变化,在计算时不必考虑磨损量。因此塑件上的中心距基本尺寸 C_s 和模具上的中心距的基本尺寸 C_m 均为平均尺寸。于是:

$$C_m=(1+\overline{S})C_s$$

标注制造公差后得到:

$$C_m\pm\frac{\delta_z}{2}=(1+\overline{S})C_s\pm\frac{\delta_z}{2}$$ （4-10）

模具中心距是由成型孔或安装型芯的孔的中心距所决定的。活动型芯与模板为间隙配合,配合间隙会产生波动而影响塑件中心距,这时应使间隙误差和制造误差的积累值小于塑件中心距所要求的公差,即位于 $\pm\delta_z/2$ 范围内。

4.2.5　螺纹型环和螺纹型芯的工作尺寸的计算

螺纹塑件从模具中成型出来后，径向和螺距尺寸都要收缩变小，为了使螺纹塑件与标准金属螺纹有较好的配合，提高成型后塑件螺纹的旋入性能，成型塑件的螺纹型环或型芯的径向尺寸时都应考虑收缩率的影响。

螺纹型环的工作尺寸属于型腔类尺寸，而螺纹型芯的工作尺寸属于型芯类尺寸。螺纹连接的种类很多，配合性质也各不相同，影响塑件螺纹连接的因素比较复杂，因此要满足塑料螺纹配合的准确要求是比较难的。目前尚无塑料螺纹的统一标准，也没有成熟的计算方法。

由于螺纹中径是决定螺纹配合性质的最重要参数，它决定着螺纹的可旋入性和连接的可靠性，所以计算中的模具螺纹大、中、小径的尺寸，均以塑件螺纹中径公差 $\Delta_{中}$ 为依据。制造公差都采用了中径制造公差 δ_z，其目的是提高模具制造精度。下面介绍普通螺纹型环和型芯工作尺寸的计算公式。

1. 螺纹型环的工作尺寸

（1）螺纹型环大径

$$(D_{m大})_0^{+\delta_z} = [(1+\overline{S})D_{s大} - \Delta_{中}]_0^{+\delta_z} \tag{4-11}$$

（2）螺纹型环中径

$$(D_{m中})_0^{+\delta_z} = [(1+\overline{S})D_{s中} - \Delta_{中}]_0^{+\delta_z} \tag{4-12}$$

（3）螺纹型环小径

$$(D_{m小})_0^{+\delta_z} = [(1+\overline{S})D_{s小} - \Delta_{中}]_0^{+\delta_z} \tag{4-13}$$

上面各式中　$D_{m大}$——螺纹型环大径基本尺寸；

$\quad\quad\quad\quad D_{m中}$——螺纹型环中径基本尺寸；

$\quad\quad\quad\quad D_{m小}$——螺纹型环小径基本尺寸；

$\quad\quad\quad\quad D_{s大}$——塑件外螺纹大径基本尺寸；

$\quad\quad\quad\quad D_{s中}$——塑件外螺纹中径基本尺寸；

$\quad\quad\quad\quad D_{s小}$——塑件外螺纹小径基本尺寸；

$\quad\quad\quad\quad \overline{S}$——塑料平均收缩率；

$\quad\quad\quad\quad \Delta_{中}$——塑件螺纹公差；

$\quad\quad\quad\quad \delta_z$——螺纹型环中径制造公差，其值可取 $\Delta_{中}/5$。

2. 螺纹型芯的工作尺寸

（1）螺纹型环大径

$$(d_{m大})_{-\delta_z}^0 = [(1+\overline{S})d_{s大} + \Delta_{中}]_{-\delta_z}^0 \tag{4-14}$$

（2）螺纹型环中径

$$(d_{m中})_{-\delta_z}^0 = [(1+\overline{S})d_{s中} + \Delta_{中}]_{-\delta_z}^0 \tag{4-15}$$

（3）螺纹型环小径

$$(d_{m小})_{-\delta_z}^0 = [(1+\overline{S})d_{s小} + \Delta_{中}]_{-\delta_z}^0 \tag{4-16}$$

上面各式中　$d_{m大}$——螺纹型环大径基本尺寸；

$\quad\quad\quad\quad d_{m中}$——螺纹型环中径基本尺寸；

$\quad\quad\quad\quad d_{m小}$——螺纹型环小径基本尺寸；

$d_{s大}$——塑件内螺纹大径基本尺寸;

$d_{s中}$——塑件内螺纹中径基本尺寸;

$d_{s小}$——塑件内螺纹小径基本尺寸;

$\Delta_{中}$——塑件螺纹内径公差;

δ_z——螺纹型芯中径制造公差,其值可取$\Delta_{中}/5$。

3. 螺纹型环和螺纹型芯的螺距工作尺寸

无论螺纹型环和螺纹型芯,其螺距尺寸都采用如下公式计算:

$$(p_m) \pm \frac{\delta_z}{2} = P_s(1+\overline{S}) \pm \frac{\delta_z}{2} \tag{4-17}$$

式中 p_m——螺纹型环或螺纹型芯螺距;

p_s——塑件外螺纹或内螺纹螺距的基本尺寸;

δ_z——螺纹型环或螺纹型芯螺距制造公差。

在螺纹型环或螺纹型芯螺距计算中,由于考虑到塑件的收缩,计算所得到的螺距带有不规则的小数,加工这种特殊的螺距很困难,可采用下面的办法解决这一问题。

用收缩率相同或相近的塑件外螺纹与塑件内螺纹相配合时,计算螺距尺寸可以不考虑收缩率;当塑料螺纹与金属螺纹配合时,如果螺纹配合长度 $L < \dfrac{0.432\Delta_{中}}{S}$ 时,可不考虑收缩率;一般在小于 $7\sim8$ 牙的情况下,也可以不计算螺距的收缩率,因为在螺纹型芯中径尺寸中已考虑到了增加中径间隙来补偿塑件螺距的累积误差。

当螺纹配合牙数较多,螺纹螺距收缩累计误差很大时,必须计算螺距的收缩率。

4.3 成型零部件的力学计算

塑料模具在使用过程中主要承受来自两方面的力。一是来自注塑机的锁模力,锁模力使分型面处产生很大的压应力,如接触面面积不够,便会发生屈服变形,同理在模具内模板之间,模板与支架之间都可能产生压缩屈服变形的问题,应予以校核,以免模具遭受破坏,模具截面尺寸过小还会反过来压伤注塑机的模板,造成巨大的损害。另一方面是高压的塑料熔体注入型腔,压力作用在模具型腔的侧壁和底板上,如其厚度不够,则可表现为刚度不足,也可表现为强度不够。刚度不足时产生过大的弹性形变,使塑件的尺寸精度降低,发生溢料、飞边等问题。强度不够则可能发生塑性形变,甚至在应力最大处产生裂纹或断裂。因此,应通过强度和刚度计算来确定型腔壁厚。

4.3.1 成型零部件力学计算时考虑的因素

型腔壁厚计算以型腔内受到的最大压力为依据,它是在型腔完全充满之后,在压实的过程中(保压阶段)产生的。当按强度条件计算型腔厚时,许用应力的确定是计算的关键。型腔壁一般处于拉伸弯曲的复合应力状态,对于塑性材料可由拉伸屈服极限确定其拉伸许用应力:

$$[\sigma] = \frac{\sigma_s}{n_s} \tag{4-18}$$

式中　σ_s——材料在模具工作温度下的屈服强度；

　　　n_s——安全系数，对于碳钢或低合金钢取大于或等于 1.62。

而模具进行刚度计算时可从以下几方面考虑，确定其刚度条件。

(1)从模具型腔不发生溢料的角度出发

当高压塑料熔体注入后，模具型腔的侧壁或底板发生挠曲变形，某些配合面会产生足以溢料的间隙，导致在制品上形成飞边，这时应根据不同塑料的最大不溢料间隙来确定其刚度条件，如尼龙、聚乙烯、聚丙烯等低黏度塑料，其允许间隙为 0.025～0.04mm。对于聚苯乙烯、ABS 等中等黏度的塑料，其允许间隙为 0.05mm 左右。而聚砜、聚碳酸酯、硬聚氯乙烯等为 0.06～0.08mm。

(2)从保证制件精度的角度出发

塑件的某些尺寸常要求较高的精度，这就要求模具型腔有很好的刚性，即塑料注入时不产生过大弹性变形。最大弹性变形值可以取制件允许公差的 1/10 以内。

(3)从保证制件顺利脱模出发

如果模具刚度不足，塑料熔体的压力使模具产生过大的弹性变形，当变形值大于制件的热收缩值时，成型后制件的周边将被型腔壁紧紧包住，难以开模，造成制件划伤或破裂，因此型腔允许弹性变形值应小于或等于制件收缩值。

$$[\delta] < tS \tag{4-19}$$

式中　$[\delta]$——保证塑件顺利脱模的型腔允许弹性变形量；

　　　t——塑件壁厚，mm；

　　　S——塑料的收缩率。

理论分析和生产实践表明对于大尺寸的型腔刚度不足是主要矛盾，应按刚度条件计算型腔壁厚，而小尺寸的型腔在发生足够大的弹性变形前往往因强度不足而破坏，因此应按强度条件进行计算。

至于型腔尺寸在多大以上进行刚度计算，多大以下应进行强度计算。这个分界值取决于型腔的形状、模具材料的许用应力、型腔的允许变形量以及塑料熔体压力。在分界尺寸不知道的情况下应分别按强度条件和刚度条件算出壁厚值，取其大者作为模具设计的壁厚。下面分别介绍几种常见简单几何形状的型腔壁厚和底板厚的计算方法。对于复杂形状的型腔，常可近似简化成下面几种简单几何形状的型腔进行计算。

4.3.2　矩形型腔的侧壁和底板厚度的计算

矩形型腔是指模具横截面呈矩形的机构，型腔结构可分为组合式和整体式两类。

1. 组合式型腔侧壁和底板厚度的计算

(1)组合式矩形型腔侧壁厚度的计算

1)按刚度条件计算

图 4-18(a)所示为组合式矩形型腔工作变形情况。在熔体压力作用下，侧壁向外膨胀产生弯曲变形，使侧壁与底部之间出现间隙，间隙过大会导致溢料或影响塑件尺寸精度。刚度计算时将侧壁每一边都看成受均匀载荷的端部固定梁，边的最大挠度在梁的中间，其值为：

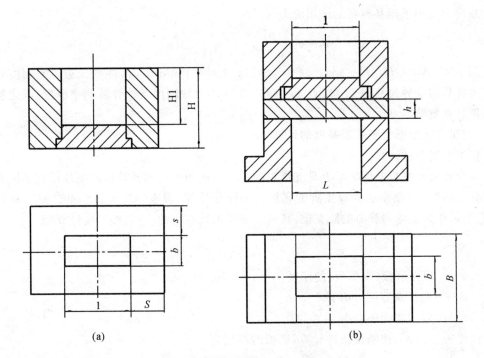

图 4-18　组合式矩形型腔结构及受力状况

$$\delta_{\max} = \frac{pH_1 l^4}{32EHs^3} \qquad (4\text{-}20)$$

设允许最大变形量为 $\delta_{\max} \leqslant [\delta]$，其壁厚按刚度条件的计算式为：

$$s \geqslant \sqrt[3]{\frac{pH_1 l^4}{32EH[\delta]}} \qquad (4\text{-}21)$$

式中　s——矩形型腔侧壁壁厚，mm；

　　　p——型腔内熔体的压力，MPa；

　　　H_1——承受熔体压力的侧壁高度，mm；

　　　l——型腔侧壁长边长，mm；

　　　E——钢的弹性模量，取 2.06×10^5 MPa；

　　　H——型腔侧壁总高度，mm；

　　　$[\delta]$——允许变形量，mm。

2)按强度条件计算

矩形型腔侧壁每边都受到拉应力和弯曲应力的联合作用。按端部固定梁计算，弯曲应力 σ_w 的最大值在梁的两端：

$$\sigma_w = \frac{pH_1 l^2}{2Hs^2}$$

由相邻侧壁受载所引起的拉应力 σ_b 为：

$$\sigma_b = \frac{pH_1 b}{2Hs}$$

式中　b——型腔侧壁的短边长，mm。

总应力应小于模具材料的许用应力$[\sigma]$,即:

$$\sigma_b+\sigma_w=\frac{pH_1b}{2Hs}+\frac{pH_1l^2}{2Hs^2}=[\sigma] \qquad (4-22)$$

当$p=50\text{MPa}$、$H_1/H=4/5$、$[\delta]=0.05\text{mm}$、$[\sigma]=160\text{MPa}$时,侧壁长边l的刚度计算与强度计算的分界尺寸为370mm。即当$l>370\text{mm}$时按刚度条件计算侧壁厚度,反之按强度条件计算侧壁厚度。

(2)组合式矩形型腔底板厚度的计算

1)按刚度条件计算

组合式型腔底板厚度实际上是支承板的厚度。底板厚度的计算因其支撑形式不同有很大差异,最常见的动模边为双支脚的底板。为简化计算,假定型腔长边l和支脚间距L相等,底板可作为受均匀载荷的简支梁,其最大变形出现在板的中间,按刚度计算则:

$$\sigma_{\max}=\frac{5pbL^4}{32EBh^3} \qquad (4-23)$$

式中　h——矩形底板(支撑板)的厚度,mm;

　　　B——底板总宽度,mm;

　　　L——双支脚间距,mm。

应使$\sigma_{\max}\leqslant[\delta]$,按刚度条件计算,底板的厚度为:

$$h\geqslant\sqrt[3]{\frac{5pbL^4}{32EB[\delta]}} \qquad (4-24)$$

2)按强度条件计算

简支梁的最大弯曲应力也出现在板的中间最大变形处,按强度条件计算,底板厚度为:

$$h\geqslant\sqrt{\frac{3pbL^2}{4B[\sigma]}} \qquad (4-25)$$

当$p=50\text{MPa}$、$b/B=1/2$、$[\delta]=0.05\text{mm}$、$[\sigma]=160\text{MPa}$时,强度与刚度计算的分界尺寸$L=108\text{mm}$。即:$L>108\text{mm}$时按刚度条件计算底板厚度,反之按强度条件计算底板厚度。

2. 整体式矩形型腔侧壁和底板厚度的计算

整体式矩形型腔如图4-19所示,这种结构与组合式型腔相比刚性较大。由于底板与侧壁为一整体,所以在型腔底面不会出现溢料间隙,因此在计算型腔时,变形量的控制主要为了保证塑件尺寸精度和顺利脱模。

(1)整体式矩形型腔侧壁厚度的计算

1)按刚度条件计算

整体式矩形型腔的任何一侧壁均可看作是三边固定,一边自由的矩形板。在塑料熔体压力作用下,矩形板的最大变形发生在自由边的中点,变形量为:

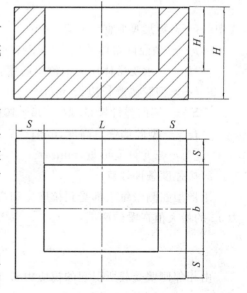

图4-19　整体式矩形型腔受力状况

$$\delta_{max} = \frac{cpH_1^4}{Es^3} \tag{4-26}$$

应使 $\delta_{max} \geqslant [\delta]$，按刚度条件计算侧壁厚度：

$$s \geqslant \sqrt[3]{\frac{cpH_1^4}{E[\delta]}} \tag{4-27}$$

式中 c——有 H_1/l 决定的系数，可以查表 4-1。

表 4-1　系数 c、w 值

H_1/l0.3	0.4	0.5	0.6	0.7	0.8	0.9	1.0	1.2	1.5	2.0
c	0.930	0.57	0.330	0.188	0.117	0.073	0.045	0.031	0.015	0.006	0.002
w	0.108	0.130	0.148	0.163	0.176	0.187	0.197	0.205	0.210	0.235	0.254

2）按强度条件计算侧壁厚度

整体式矩形型腔侧壁的最大弯曲应力为：

$$\sigma_{max} = \frac{M_{max}}{W}$$

式中 σ_{max}——型腔侧壁的最大弯曲应力；

M_{max}——型腔侧壁的最大弯曲矩；

W——抗弯截面系数，查表 4-1。

考虑到短边所承受的成型压力的影响，侧壁的最大应力用下式计算：

当 $H_1/l \geqslant 0.41$ 时，$\sigma_{max} = \frac{pl^2(1+W\alpha)}{2s^2}$

当 $H_1/l < 0.41$ 时，$\sigma_{max} = \frac{3pH_1^2(1+W\alpha)}{s^2}$

因此，型腔的侧壁厚度为：

当 $H_1/l \geqslant 0.41$ 时，$s \geqslant \sqrt{\frac{pl^2(1+W\alpha)}{2[\sigma]}}$ $\tag{4-28}$

当 $H_1/l < 0.41$ 时，$s \geqslant \sqrt{\frac{3pH_1^2(1+W\alpha)}{[\sigma]}}$ $\tag{4-29}$

式中 α——矩形成型型腔的边长比，$\alpha = b/l$。

（2）整体式矩形型腔底板厚度的计算

1）按刚度条件计算

整体式矩形型腔的底板，如果后边没有支撑板，直接支撑在模脚上，中间是悬空的，那么底板可以看成是周边固定的受均匀载荷的矩形板。由于熔体的压力，板的中心将产生最大的变形量，按刚度条件，型腔底板厚度为：

$$h \geqslant \sqrt[3]{\frac{c'pb^4}{E[\sigma]}} \tag{4-30}$$

式中 c'——由型腔边长比 l/b 决定的系数，可以查表 4-2。

表 4-2　系数 c' 的值

l/b	1.0	1.1	1.2	1.3	1.4	1.5	1.6	1.7	1.8	1.9	2.0
c'	0.0138	0.0164	0.0188	0.0209	0.0226	0.0240	0.0251	0.0260	0.0267	0.0272	0.0277

2)按强度条件计算

整体式矩形型腔底板的最大应力发生在短边与侧壁交界处,按强度条件,底板厚度的计算式为:

$$h \geqslant \sqrt{\frac{\alpha' p b^2}{[\sigma]}} \qquad (4\text{-}31)$$

式中　α'——由模脚之间距离和型腔短边长度l/b所决定的系数,可以查表4-3。

表 4-3　系数 α' 的值

l/b	1.0	1.2	1.4	1.6	1.8	2.8	>2.8
α'	0.3078	0.3834	0.4256	0.4680	0.4872	0.4974	0.5000

4.3.3　圆形型腔的侧壁和底板厚度的计算

圆形型腔是指模具型腔横截面呈圆形的结构,圆形型腔按结构可分为组合式和整体式两类。

(1)组合式圆形型腔侧壁和底板厚度的计算

组合式圆形型腔结构及受力状况如图4-20所示。

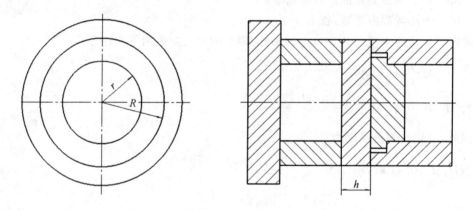

图 4-20　组合式圆形型腔结构及受力状况

1)组合式圆形型腔侧壁厚度的计算

组合式圆形型腔侧壁可看作是两端开口,仅受均匀内压力的厚壁圆筒。当型腔受到熔体的高压作用时,其内半径增大,在侧壁与底板之间产生纵向间隙,间隙过大便会导致溢料。

①按刚度条件计算,侧壁和型腔底配合处间隙值为:

$$\delta = \frac{rp}{E}(\frac{R^2 + r^2}{R^2 + r^2} + \mu)$$

式中　p——型腔内单位面积熔体压力;

　　　μ——型腔材料泊桑比,碳钢取 0.25;

　　　E——型腔材料拉伸弹性模量,钢弹性模量取 2.06×10^5 MPa;

　　　R——型腔外壁半径;

　　　r——型腔内壁半径。

应使 $\delta_{max} \leqslant [\delta]$，则

$$s = R - r \geqslant r\left(\sqrt{\dfrac{1-\mu+\dfrac{E[\delta]}{rp}}{\dfrac{E[\delta]}{rp}-\mu-1}}-1\right) \qquad (4\text{-}32)$$

②按强度条件计算壁厚为：

$$s \geqslant R - r = r\left(\sqrt{\dfrac{[\sigma]}{[\sigma]-2p}}-1\right) \qquad (4\text{-}33)$$

当 $p=50\text{MPa}$、$[\delta]=0.05\text{mm}$、$[\sigma]=160\text{MPa}$ 时，刚度条件和强度条件的分界尺寸是 $r=86\text{mm}$。内半径 $r>86\text{mm}$ 按刚度条件计算型腔壁厚，反之按强度条件计算型腔壁厚。

2)组合式圆形型腔底板厚度的计算

组合式圆形型腔底板固定在圆环形的模上，并假定模脚的内半径等于型腔内半径，这样底板可视作周边简支的圆板，最大变形发生在板的中心。

①按刚度条件计算，型腔底板厚为：

$$h \geqslant \sqrt[3]{0.74\dfrac{pr^4}{E[\delta]}} \qquad (4\text{-}34)$$

②按强度条件计算，型腔底板厚为：

$$h \geqslant \sqrt{1.22\dfrac{pr^2}{[\delta]}} \qquad (4\text{-}35)$$

(2)整体式圆形型腔侧壁和底板厚度的计算

整体式型腔因受底板约束，在熔体压力下侧壁沿高度不同点的变形情况不同，距底板距离愈远变形愈大，变形情况如图 4-21 所示。

1)整体式圆形型腔侧壁厚度的计算

①按刚度条件计算式

设想用通过型腔轴线的两平面截取侧壁，得到一个单位宽度长条，该长条可以看作一个一端固定、一端外伸的悬臂梁，如图 4-21 所示。由于长条的宽度取得很小，梁的截面可近似视为矩形。由于该梁承受均匀分布载荷，故最大挠度产生在外伸一端，其值为：

$$\delta_{max} = \dfrac{ph_1^4}{8EJ} = \dfrac{3ph_1^4}{2EIs^3}$$

式中　$\delta_{max} = \dfrac{ph_1^4}{8EJ} = \dfrac{3ph_1^4}{2EIs^3}$——型腔材料弹性模量；

J——梁的惯性矩，其中，$J=\dfrac{ls^3}{12}$；

s——侧壁厚度。

应使 $\delta_{max} \leqslant [\delta]$，则取 l 为一单位宽度，可求得：

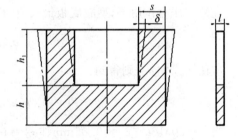

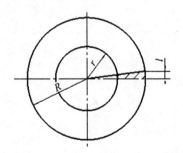

图 4-21　整体式圆形型腔结构及受力状况

$$s \geqslant 1.15 \sqrt[3]{\frac{ph_1^4}{El[\delta]}} = 1.15 \sqrt[3]{\frac{ph_1^4}{E[\delta]}} \qquad (4\text{-}36)$$

②按强度条件计算

整体式型腔受到熔体压力作用时,上口部分将产生最大径向位移,相应地也会出现最大剪切应力:

$$\tau_{max} = \frac{pR^2}{R^2 - r^2}$$

因此,强度计算可采用组合式的计算方法,即:

$$s \geqslant r \left(\sqrt{\frac{[\sigma]}{[\sigma] - 2p}} - 1 \right) \qquad (4\text{-}37)$$

2)整体式圆形型腔底板厚度的计算

①按刚度条件计算

整体式圆形型腔底板可视为周边固定的圆板,在型腔内熔体压力作用下,最大挠度亦产生在底板中心,其数值为:

$$\delta_{max} = 0.715 \frac{pr^4}{Eh^3}$$

应使 $\delta_{max} \leqslant [\delta]$,则

$$h \leqslant 0.56 \sqrt[3]{\frac{pr^4}{E[\delta]}} \qquad (4\text{-}38)$$

②按强度条件计算

在熔体压力作用下,型腔底板最大应力产生在底板周界,其数值为:

$$\sigma_{max} = \frac{3pr^2}{4h^2}$$

应使 $\sigma_{max} \leqslant [\sigma]$,则得到:

$$h \geqslant 0.87 \sqrt{\frac{pr^2}{[\delta]}} \qquad (4\text{-}39)$$

当 $p = 50\text{MPa}$、$[\delta] = 0.05\text{mm}$、$[\sigma] = 160\text{MPa}$ 时,刚度条件和强度条件的分界尺寸是 $r = 136\text{mm}$。$r > 136\text{mm}$ 按刚度条件计算型腔壁厚,反之按强度条件计算型腔壁厚。

第 5 章　结构零部件设计

5.1　标准模架选型

如图 5-1 所示,模架是设计、制造塑料注射模的基础部件。为适应大规模成批量生产塑料成型模具,提高模具精度和降低模具成本,模具的标准化工作是十分必要的。注射模具的基本结构有很多共同点,所以模具标准化的工作现在已经基本形成。市场上已经有标准件出售,全球比较知名的三大模架标准,英制的以美国的"D-M-E"为代表,欧洲的以"HASCO"为代表,亚洲以日本的"FUTABA"为代表,而国内的模具企业大多采用香港的"LKM"标准模架,下面主要介绍"LKM"标准模架。

"LKM"模架分为三大系列:大浇口模架、简化型点浇口模架、系统点浇口模架。

图 5-1　标准模架

5.1.1　标准注射模架

1. 大浇口模架系列

(1)大浇口模架标号

在采购标准模架时经常会采用标号,图 5-2 是大浇口标准模架的标号。

(2)大浇口模架简图(如图 5-3 所示)

(3)模架的基本组成及功能

大浇口模架分为工字模与齐边模两类,共有 12 种系列,如图 5-4 所示。其中 AI、BI、CI、DI 型为基本型模架,AH、BH、CH、DH、AT、BT、CT、DT 为派生型模架。

1)基本型模架

AI 型模架:定模采用两块模板,动模采用两块模板(支承板),与顶出机构组成模架。采用单分型面(一般设在合模面上),可设计成单型腔或多型腔模具。

BI 型模架:定模采用两块模板,动模部分采用三块模板,其中除了支承板之外,在动模板上面还设置一块推板,用以顶出塑件,可设计成推板式模具。

CI 模架:定模采用两块模板,动模采用一块模板,无支承板,适合做一般复杂程度的单

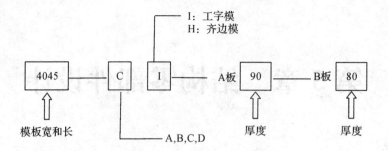

图 5-2　大浇口标准模架标号

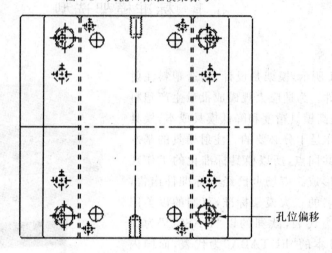

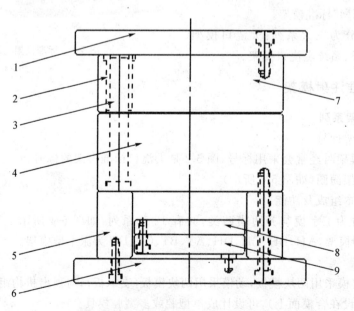

1—定模座板；2—导套；3—导柱；4—动模板（B 板）；5—模脚；
6—动模底板；7—定模板（A 板）；8—顶出固定板；9—顶板

图 5-3　大浇口模架简图

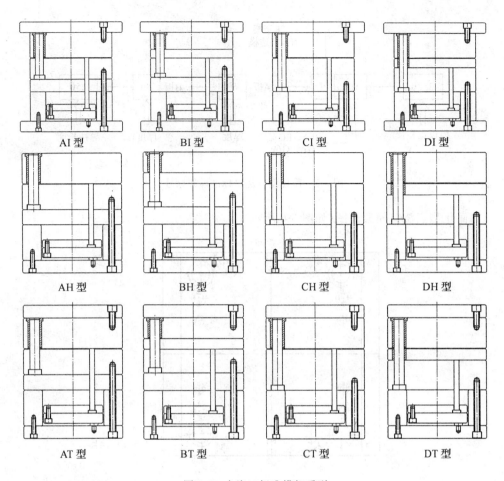

图 5-4　大浇口标准模架系列

分型面模具。

　　DI 模架:定模采用两块模板,动模采用两块模板,无支承板,在动模板上面设置一块推板,用来顶出塑件。

　　2)派生型模架

　　共有 8 个品种,其模架组成、功能如下:

　　AH、BH、CH、DH 型是由 AI、BI、CI、DI 型对应派生而成,结构形式上的不同点在于去掉了 AI～DI 型上的定模座板,动模座板做成了齐边模板,因此 AH～DH 为无定模座板的齐边模。在模具的功能与用途上与 AI～DI 型相似;只不过在模具的固定方式上有所区别,由于是齐边模,必须在定模板和动模座板上开槽来固定模具。

　　AT、BT、CT、DT 型也是由 AI～DI 型对应派生而成的,结构形式的不同点在于将定模座板与动模座板制成了齐边模板,模具的功能与用途与 AI～DI 型相似,模具的固定方式与AH～DH 相似。

　　2. 简化型点浇口模架系列

　　(1)简化型点浇模架标号

　　在采购标准模架时经常会采用标号,图 5-5 是简化型点浇口标准模架的标号。

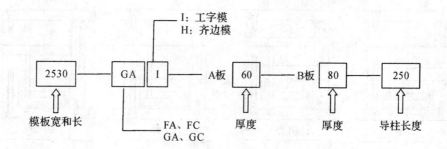

图 5-5 简化型点浇口标准模架标号

(2)简化型点浇口模架简图(如图 5-6 所示)

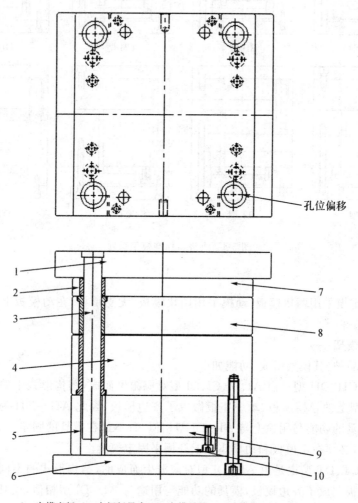

1—定模座板;2—中间板导套;3—定模导柱;4—动模板(B板);5—模脚;
6—动模座板;7—中间板;8—定模板(A板);9—顶出固定板;10—顶板

图 5-6 点浇口标准模架

（3）模架的基本组成及功能

简化型点浇口模架采用定模侧导柱导向，动模侧没有副导柱。共有 8 种系列，如图 5-7 所示。其中 FAI、FCI 型为基本型模架，GAI～GCH 型为派生型模架。

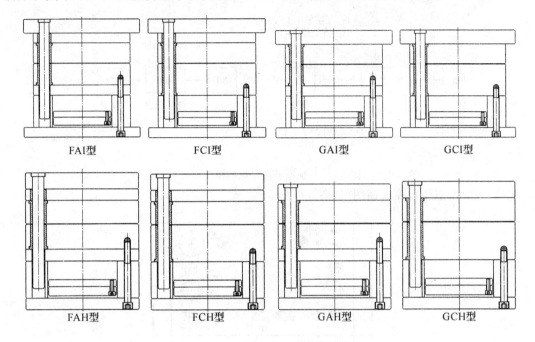

图 5-7　简化型点浇口标准模具系列

1）基本型模架

FAI 型模架：定模采用三块模板，且都没有螺钉固定，在定模座板与定模板之间设置有一块中间板（脱浇板），用来脱出点浇口冷料。动模采用两块模板（动模板与动模垫板）。导向机构特点：定模侧设计有导柱，但是动模侧没有副导柱，中间板、定模板、动模板均镶有导套。可设计成成型多个型腔的双分型面点浇口模具。

FCI 型模架：定模采用三块模板（定模板、定模座板、中间板），导向机构与 FAI 模架相似，不同之处在于动模部分只有一块动模板，没有垫板。

2）派生型模架

GAI、GCI 型模架是由 FAI、FCI 模架派生而成的。功能与用途比较相似似，不同之处在于没有设置中间板。导向机构特点：只在定模板与动模板设置有导套，定模侧导柱固定在定模座板上。因此只能设计简易的点浇口双分型面模具。

FAH、FCH 型模架是由 FAI、FCI 模架派生而成的。功能与用途相似，与 FAI、FCI 模架不同之处在于定模座板与动模座板均设计成齐边模板，这样模具固定在注射机上必须在定模座板与动模座板侧面加工槽。

GAH、GCH 型模架也是有 FAI、FCI 模架派生而成的。特点是动模座板与定模座板均为齐边模板，定模部分没有设置中间板。

3. 系统型点浇口标准模具系列

(1)系统型点浇模架标号

在采购标准模架时经常会采用标号,图5-8是系统型点浇口标准模架的标号。

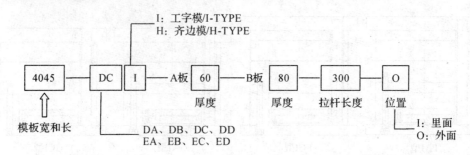

图 5-8　系统型点浇口标准模架标号

(2)系统型点浇口模架简图(如图 5-9 所示)

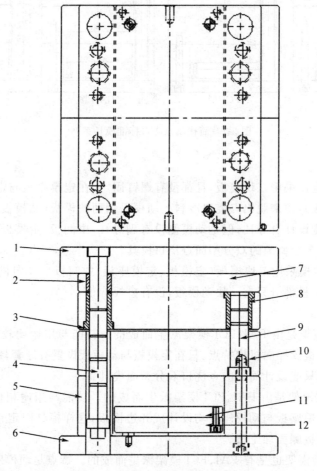

1—定模座板;2—中间板导套;3—定模板导套1;4—拉杆;5—模脚;6—动模座板;7—中间板;

8—定模板导套2;9—导柱;10—动模板(B板);11—顶出固定板;12—顶板

图 5-9　系统型点浇口标准模架简图

(3)模架的基本组成及功能

系统型点浇口模架采用定模侧导柱导向,动模侧设置有副导柱。共有 16 种系列,如图 5-10 所示。其中 DAI、DBI、DCI、DDI 型为基本型模架,EAI~EDH 型为派生型模架。

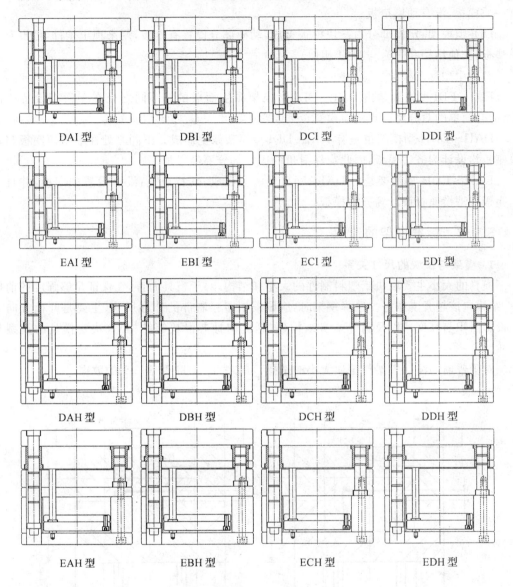

DAI 型　　　　DBI 型　　　　DCI 型　　　　DDI 型

EAI 型　　　　EBI 型　　　　ECI 型　　　　EDI 型

DAH 型　　　　DBH 型　　　　DCH 型　　　　DDH 型

EAH 型　　　　EBH 型　　　　ECH 型　　　　EDH 型

图 5-10　系统型点浇口标准模架

1)基本型模架

DAI 型模架:定模由三块模板组成,三块板之间均没有螺钉固定,中间的模板为中间板,用来脱出点浇口冷料。动模部分由两块模板组成(动模板、动模垫板)。导向机构特点:定模座板上设置有拉杆,用来作为导向和行程限位,另外在动模板上设置有副导柱,用来对动、定模的开合模导向。可以设计成多型腔双分型面点浇口模具。

DBI 型模架:定模由三块模板组成(定模座板、中间板、定模板),动模部分有三块板,除了动模板、动模垫板之外还设置有推板,可以对塑件进行推板顶出。其他结构和用途与 DAI 相似,不同之处是在推板上也设置有导套,用来对推板的运动进行导向。

DCI 型模架:定模有三块模板,其他结构和用途与 DAI 相似,不同之处在于动模部分只有一块模板,没有动模垫板。

DDI 型模架:定模部分由三块模板组成,动模部分设置有推板,用来顶出塑件,但没有动模垫板,其他结构和用途与 DAI 相似。

2)派生型标准模架

EAI~EDI 型模架是由 DAI~DDI 型模架派生而成的。不同之处在于没有设置中间板,适合简单的双分型面点浇口模具。

DAH~DDH 型模架也是有 DAI~DDI 型模架派生而成。不同之处在于定模座板与动模座板均设计为齐边模板,因此与注射机的固定部分要经过加工。

EAH~EDH 型模架是由 DAI~DDI 型派生而成,其特点是:没有设置中间板,并且定模座板与动模座板设计为齐边模板。

5.1.2 标准模架的选取

1. 模架与镶块的尺寸关系

模具的大小主要取决于塑料制件的大小和结构,对于模具而言,在保证足够强度的前提下,结构应该越紧凑越好。选择模架时,应该根据塑料制件的外形尺寸(主要是开模方向上的投影面积与高度),以及制件本身结构(包括侧向抽芯滑块等结构)来决定模具的类型与尺寸。

对于普通的注射模架与镶块大小的选择,可参考图 5-11 和表 5-1 的数据。

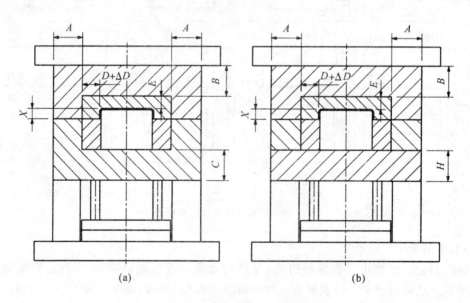

图 5-11 模架与镶块的尺寸关系

表 5-1　模架与镶块的尺寸关系

产品投影面积/mm²	A	B	C	H	D	E
100～900	40	20	30	30	20	20
900～2500	40－45	20－24	30－40	30－40	20－24	20－24
2500～6400	45－50	24－30	40－50	40－50	24－28	24－30
6400～14400	50－55	30－36	50－65	50－65	28－32	30－36
14400～25600	55－65	36－42	65－80	65－80	32－36	36－42
25600～40000	65－75	42－48	80－95	80－95	36－40	42－48
40000～62500	75－85	48－56	95－115	95－115	40－44	48－54
62500～90000	85－95	56－64	115－135	115－135	44－48	54－60
90000～122500	95－105	64－72	135－155	135－155	48－52	60－66
122500～160000	105－115	72－80	155－175	155－175	52－56	66－72
160000～202500	115－120	80－88	175－195	175－195	56－60	72－78
202500～250000	120－130	88－96	195－205	195－205	60－64	78－84

2. 支承板(模脚)的确定

选择模脚的高度时应先计算塑件的顶出行程,然后根据顶出行程,并加上一定的余量(5～10mm),再加上顶出固定板和顶板的厚度,才能计算出模脚的高度,这样才能保证完全顶出塑件时,顶出固定板不至于撞到动模板或动模垫板。

3. 模架整体结构的确定

①模架厚度和注射机的闭合距离

对应不同型号及规格的注射机,不同的锁模机构具有不同的闭合距离。模架的总厚度应该位于注射机的最大闭合距离和最小闭合距离之间。否则会影响模架的正常安装。

②注射机的开模行程与模架定、动模分开的间距、顶出塑件所需行程之间的尺寸关系

设计时应该计算确定,在取出塑件时的注射机开模行程应大于取出塑件所需的定、动模分开的间距,而模具顶出塑件距离应该小于注射机的额定顶出行程。

③模架在注射机上的安装校核

在基本选定模架之后,主要应注意所确定的模架是否适合给定的注射机规格。因此要注意:模架外形不应受注射机拉杆的间距影响;定位孔径与定位环尺寸需配合良好;注射机顶杆孔的位置和顶出行程是否合适;喷嘴孔径和球面半径是否与模具的浇口套孔径和凹球面尺寸相配合;模具安装孔的位置和孔径与注射机的移动模板及固定模板上的相应螺孔相配。

5.2　结构零部件

5.2.1　定位圈

定位圈的作用在于确保模具在注射机上安装时与注射机的定位孔之间的定位,从而保证注射机的喷嘴与模具的浇口衬套之间可靠的定位。

定位圈的结构基本形式,如图 5-12 所示。装配形式如图 5-12 所示,常用规格:$\phi35\times\phi100\times15$。

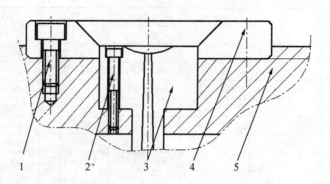

1—紧固螺钉;2—紧固螺钉;3—浇口套;4—定位圈;5—面板

图 5-12　定位圈结构图

特殊情况下,如当模具需要使用隔热板时,采用加厚的定位圈,如图 5-13 所示。一般选取规格为 $\phi 70 \times \phi 100 \times 25$ 的定位圈。

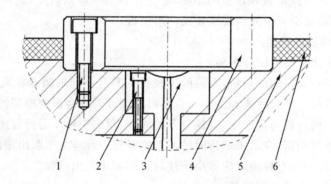

1—紧固螺钉;2—紧固螺钉;3—浇口套;4—定位圈;5—面板;6—隔热板

图 5-13　有隔热板的定位圈结构图

5.2.2　弹簧

模具中,弹簧主要用作顶针板、滑块等活动组件的辅助动力,不允许单独使用。模具用弹簧现已标准化,表 5-2 是模具用弹簧的基本技术规格。

模具中常用的弹簧是轻载的蓝弹簧。如果模具较大,顶针数量较多时,必须考虑使用重载弹簧。轻荷重弹簧选用时应主意以下几个方面:

(1)预压比:一般要求为弹簧自由长度的 $10\% \sim 15\%$,直径较大的弹簧选用较小的预压比,直径较小的弹簧选用较大的预压比。

在选用模具顶针扳回位弹簧时,一般不采用预压比,而直接采用预压量,这样可以保证在弹簧直径尺寸一致的情况下,施加于顶针板上的预压力不受弹簧自由长度的影响。预压量一般取 $10.0 \sim 18.0$ mm。

表 5-2　模具常用弹簧类型

种类	轻小荷重	轻荷重	中荷重	重荷重	极重荷重
色别	黄色(TF)	蓝色(TL)	红色(TM)	绿色(TH)	咖啡色(TB)
100万次(自由长%)	40%	32%	25.6%	19.2%	16%
50万次(自由长%)	45%	36%	28.8%	21.6%	18%
30万次(自由长%)	50%	40%	32%	24%	20%
最大压缩比(自由长%)	58%	48%	38%	28%	24%

(2)压缩比:一般要求压缩比在40%以下,压缩比越小,使用寿命越长。

(3)弹簧分布要求尽量对称。

(4)弹簧直径规格根据模具所能利用的空间及模具所需的预压力而定,尽量选用直径较大的规格。当模架尺寸大于5050时,须选用φ51.0mm的弹簧。

弹簧自由长度应根据压缩比及所需压缩量而定。

模具复位弹簧自由长度(L)的计算方式:(如图5-14,图5-15所示)

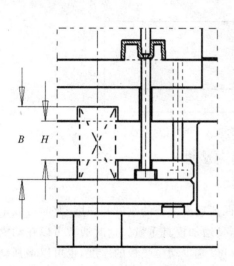

图 5-14　弹簧选用图(压缩前)

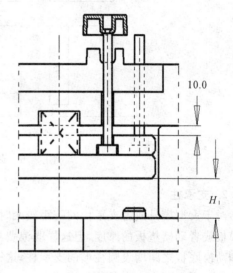

图 5-15　弹簧选用图(压缩后)

H_1—制件需顶出高度

B—弹簧预压后的长度,$B=L-$预压量。预压量通常取10~15mm

$L=(K+$预压量$)/$压缩比

5.2.3　支承件

模具中常用的支承件有支撑块和支撑柱。

1. 支承块

支承块,也称为模脚,其作用主要是在动模垫板与动模座板之间形成推出机构所需的动作空间。另外,也可以起到调节模具总厚度,以适应注射机模具安装厚度要求的作用。

常见的支承块结构形式如图5-16所示。图5-16(a)为平行支承块,使用比较普遍,适用于中大型模具;图5-16(b)为角架式支承块,省去了动模座板,常用于简易的中小型模具。

支承块属于标准模架的一部分。支承块的高度应符合注射机的安装要求和模具的结构要求,它的计算式如下:

$$H_1 = h_1 + h_2 + h_3 + S + (3 \sim 6) \text{mm} \tag{5-1}$$

式中　H_1—支承块高度;

　　　h_1—推板厚度;

　　　h_2—推杆固定板厚度;

　　　h_3—推板限位钉高度(若无,可取为零);

　　　S—顶出塑料制件所需的行程。

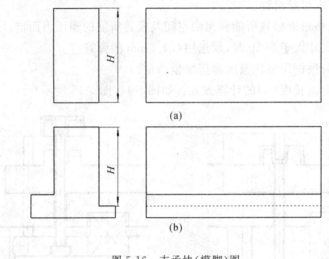

图 5-16　支承块(模脚)图

2. 支承柱

对于大型模具或者支承块间跨距较大时,要保证动模部分的刚度和强度,此时可以增加动模板或者动模垫板的厚度,但这样既浪费材料,又增加模具重量。这时通常可以在动模垫板和动模底板之间增设圆柱形的支承柱,这样既可以减少动模垫板的厚度,也可以增强动模部分的强度和刚度。支承柱的连接方式见图 5-17。其数量和直径视模具具体情况而定,但原则是根据模具的大小和塑料制件的形状进行均匀分布

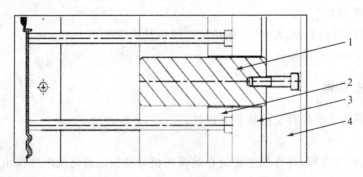

1—支承柱;2—顶板;3—顶出固定板;4—顶板
图 5-17　支承柱

5.2.4　动定模座板

与注射机的动定模板相连的模具底板称为定模座板和动模座板,如图 5-18 所示。设计或选用标准动定模座板时,必须要保证它们的轮廓形状和尺寸与注射机上的动定固定模板相匹配。另外,在动定模座板上开设的安装结构(如螺栓孔、压板台阶等)也必须与注射机动定模固定板上安装螺孔的大小和位置相适应。

动定模座板在注射成型过程中起着传递合模力并承受成型力的作用,为保证动定模座板具有足够的刚度和强度,动定模座板也应具有一定的厚度,一般对于小型模具,其厚度最好不小于 15mm,而一些大型模具的动定模座板,厚度可以达 75mm 以上。动定模座板的材料多用碳素结构钢或合金结构钢,属于标准模架的一部分。

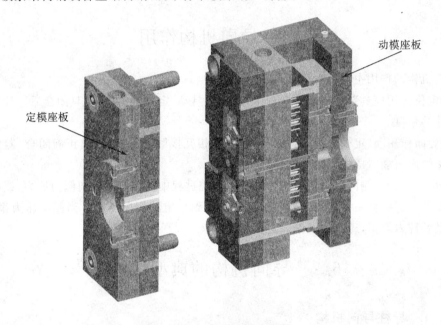

图 5-18　模具剖视图

第6章　合模导向机构

在模具进行装配或成型时,合模导向机构主要用来保证动模和定模两大部分或模内其他零件之间准确对合,以确保塑料制件的形状和尺寸精度,并避免模内各零部件发生碰撞和干涉。合模导向机构主要有导柱导向和锥面定位两种形式。

6.1　导向机构作用

导向机构的作用主要有下列几点:

(1)定位作用模具装配或闭合过程中,避免模具动、定模的错位,模具闭合后保证型腔形状和尺寸的精度。

(2)导向作用动、定模合模时,首先导向零件相互接触,引导动定模正确闭合,避免成型零件先接触而可能造成成型零件的损坏。

(3)承受一定的侧向压力塑料熔体在注入型腔过程中可能产生单向侧向压力,或由于注射机精度的限制。会使导柱在工作中不可避免受到一定的侧向压力。当侧向压力很大时,不能仅靠导柱来承担,还需加设锥面定位装置。

6.2　导向机构的典型结构

6.2.1　导柱导向机构

导柱导向机构是注射模具中比较常用的导向机构,主要零件为导柱与导套,如图 6-1所示。

图 6-1　导柱导向机构

1. 导柱

（1）导柱的结构形式

导柱的典型结构如图 6-2、图 6-3、图 6-4 所示。图 6-2、图 6-3 分别为直导柱、带头导柱的形式，结构简单，一般用于标准模架和大型模具，可以节省模板的空间，但是对模板的加工精度要求比较高。图 6-4 为带肩导柱的形式，一般用于非标准模架，由于导套的外径与导柱的固定轴肩直径相等，也就是导柱的固定孔径与导套的固定孔一样大小，这样两孔可以同时加工，以保证同轴度要求，导致相应的模板加工比较方便，且上下模板可以比较方便地达到合模精度。

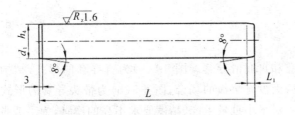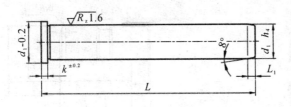

图 6-2 直导柱

图 6-3 带头导柱

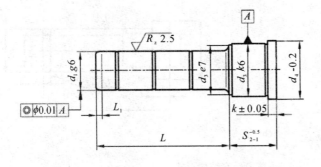

图 6-4 带肩导柱

（2）导柱技术要求

导柱端面制成锥形或半球形的先导部分，以使导柱能顺利地进入导套。导柱的长度必须比型芯的最高处高出 8～10mm，使动定模合模时导柱能够先于型芯之前就与定模中的导套形成配合，以防止型芯先进入型腔与其可能相碰而损害。导柱的表面应具有较好的耐磨性，而芯部坚韧，不易折断。因此多采用低碳钢经渗碳淬火处理，或碳素工具钢经淬火处理，硬度应达到58～60HRC。导柱固定部分表面粗糙度 Ra 一般为 $0.8\mu m$,导柱配合部分表面粗糙度 Ra 一般为 $0.8～0.4\mu m$。导柱固定部分与模板之间一般采用 H7/m6 或 H7/k6 的过渡配合。导柱的数量一般设置4个。导柱应合理均布在模具分型面的四周,导柱中心至模具边缘应有足够的距离,以保证模具强度。为确保模具装配或合模时方位的正确性,导柱的布置可采用不对称分布的形式,由于现代模具大量采用了标准模架,因此导柱的分布尺寸也实现了标准化、系列化,因此具体尺寸可以参照模架供应商的标准尺寸。

根据模具的具体结构需要,导柱可以固定在动模一侧,也可以设置在动模一侧。标准模架一般都将导柱设置在动模一侧;但如果模具采用三板式结构,则动定模两侧均需设置导柱。

2. 导套

(1)导套的结构形式

导套的规格有两种:普通导套和自润滑导套。图 6-5(a)为直导套的形式,结构简单,加工方便,可用于大型模具或导套后面没有垫板的场合;图 6-5(b)为带头导套的形式,结构比较复杂,用于精度要求高的场合。对于小批量生产、精度要求不高的模具,为了节省成本,也可以采用在模板上直接开设导向孔的形式。

图 6-6 为自润滑导套,这种导套由于采用了石墨进行润滑,因此也称为无油导套。

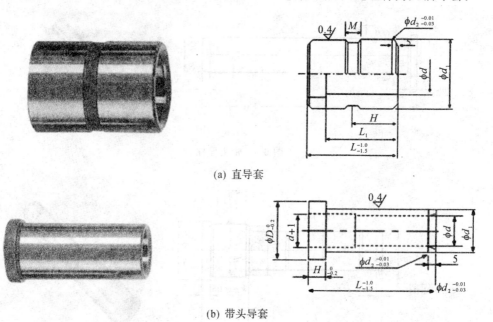

(a) 直导套

(b) 带头导套

图 6-5　普通导套结构形式

(2)导套的技术要求

为使导柱顺利进入导套,在导套的前端应倒圆角。导套的固定孔最好做成通孔,否则会由于孔中的气体无法逸出而产生反压,造成导柱导入的困难。导套一般可采用淬火钢或青铜等耐磨材料制造,其硬度应比导柱低,以改善摩擦,防止导柱或导套拉毛。导套固定部分表面粗糙度 Ra 一般为 $0.8\mu m$。

图 6-6　自润滑导套结构形式

　　A 型直导套固定部分采用 H7/m6 或较松的过盈配合,为了保证导套的稳固性,可采用螺钉至动机构。B 型导套采用 H7/m6 或 H7/k6 的过渡配合。

6.2.2　锥面定位机构

　　在成型大型深腔薄壁和高精度或偏心的塑件时,动定模之间应有较高的合模定位精度,由于导柱与导套之间是间隙配合,无法保证应有的定位精度。另外在注射成型时往往会产生很大的侧向压力,如仍然仅由导柱来承担,容易造成导柱的弯曲变形,甚至使导柱卡死或损坏,因此还应增设锥面定位机构。锥面定位机构有两种形式,一是利用在模板上设计整体式的两锥面配合,这时两锥面的倾斜角度 5°～20°,如图 6-7 所示;另外一种是利用锥形块镶入模板,进行合模定位,如图 6-8 所示,而图 6-9 显示的是锥形定位块在模具中的位置。

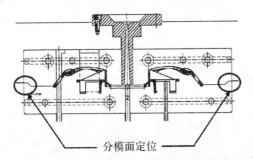

分模面定位

图 6-7　整体式锥面定位机构

(a) 圆形锥形定位块　　　　　　　　　　　(b) 方形锥形定位块

图 6-8　锥形定位块

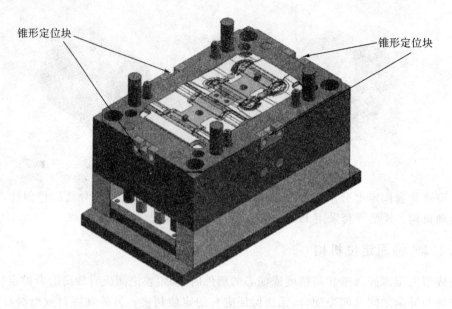

图 6-9　锥形定位块在模具中的位置(绿色部分为锥形快)

第 7 章　顶出机构

注射模在注射机上合模注射结束后,都必须将模具打开,然后把成型后的塑料制件及浇注系统的凝料从模具中脱出,完成顶出脱模的机构称为顶出机构或脱模机构。顶出机构的动作通常是由安装在注射机上的顶杆或液压缸来完成的。

顶出机构设计的合理性与可靠性直接影响到塑料制件的质量,因此,顶出机构的设计是注射模设计的一个十分重要的环节。

7.1　顶出机构概述

7.1.1　顶出结构的组成结构

顶出机构一般由顶出、复位和导向等三大元件组成。现以图 7-1 所示的常用顶出机构具体说明顶出机构的组成与作用。

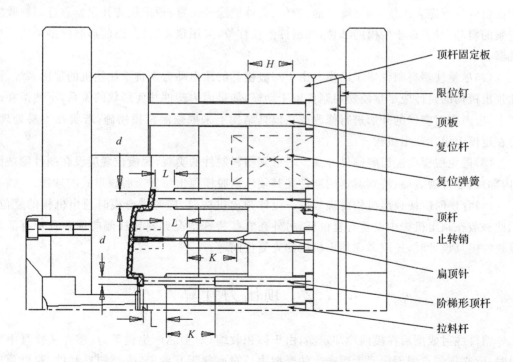

图 7-1　顶出机构

凡与塑件直接接触并将塑件从模具型腔中或型芯上顶出脱下的元件,称为顶出元件,如图 7-1 中顶杆、拉料杆、阶梯形顶杆、扁顶针等。它们固定在顶杆固定板上,为了顶出时顶杆有效工作,在顶杆固定板后需设置顶板,它们两者之间用螺钉连接。

常用的顶出元件有顶杆、顶管、顶件板等。顶出机构进行顶出动作后,在下次注射前必须复位,复位元件是为了使顶出机构能回复到塑件被顶出时的位置(亦即合模注射时的位置)而设置的。图 7-1 中的复位元件是复位杆。复位元件除了常用的复位杆外,有些模具还采用弹簧复位等形式。一般模具还设有限位钉,如图 7-1 中所示,小型模具需 4 只,大中型模具需 6~8 只甚至更多。限位钉使顶板与动模座板间形成间隙,易保证平面度,并有利于废料、杂物的去除,此外还可以减少动模座板的机加工工作量和通过限位钉厚度的调节来调整顶杆工作端的装配位置等。

大中型模具还设有导向元件,用来对顶出机构进行导向,使其在顶出和复位工作过程中运动平稳无卡死现象,同时,对于顶板和顶杆固定板等零件起支撑作用。这是由于大中型模具的顶板与顶杆固定板重量很大,若忽略了导向元件的设置,则它们的重量就会作用在顶杆与复位杆上,导致顶杆与复位杆弯曲变形,甚至顶出机构的工作无法顺利进行。

7.1.2 顶出结构的设计要求

(1)塑料制件在顶出过程中不产生变形和损坏。为使塑料制件在顶出过程中不致因脱模产生变形和损坏,顶力分布尽量均匀,应合理地选择顶出的方式、顶出的位置、顶出零件的数量和顶出面积,比如顶力点应作用在制件刚性和强度最大的部位,避免作用在薄制位,作用面也应尽可能大一些,如突缘、(筋)骨位、壳体壁缘等位置;顶出位置并尽量靠近制料收缩包紧的型芯,或者难于脱模的部位,如制件细长柱位,采用顶管脱模,而筒形制件多采用顶板脱模。

(2)尽量使塑料制件留于动模。由于一般模具的顶出动力来自于注塑机的顶出系统,因此顶出机构的设计应尽量使塑料制件留于动模,如果因为塑件几何形状的关系,不便留在动模上,应考虑对塑件的外形进行修改或在模具结构上采取强制留模措施,若实在不易处理,应在定模上设计顶出机构。

(3)避免脱模痕迹影响制件外观。考虑到塑料制件的美观,脱模位置应设在制件隐蔽面(内部)或非外观表面;特别对透明制件尤其须注意脱模顶出位置及脱模形式的选择。

(4)合模时应使顶出机构准确复位。设计顶出机构时,应考虑合模时顶出机构的复位,因此一般在顶出机构中设置有复位杆,另外在有些特殊情况如斜导柱侧向抽芯及带有活动镶块的模具设计时,还应考虑顶出机构的先复位问题。

7.2 顶出力计算

塑件注射成型后在模内冷却定型,由于体积收缩,对型芯产生包紧力,塑件从模具中顶出时,就必须先克服因包紧力而产生的摩擦力。对底部无孔的筒、壳类塑料制件,脱模顶出时还要克服大气压力。型芯的成型端部,一般均要设计脱模斜度。另外还必须明白,塑件刚开始脱模时,所需的脱模力最大,其后,顶出力的作用仅仅为了克服顶出机构移动的摩擦力。

图 7-2 所示为塑件在脱模时型芯的受力分析。由于顶出力 F_t 的作用，使塑件对型芯的总压力（塑件收缩引起）降低了 $F_t \sin\alpha$，因此，顶出时的摩擦力 F_m 为

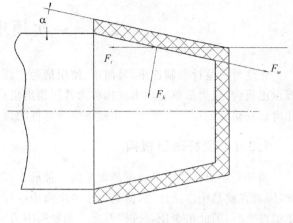

$$F_m = (F_b - F_t \sin\alpha)\mu \qquad (7\text{-}1)$$

式中　F_m——脱模时型芯受到的摩擦阻力；

　　　F_b——塑件对型芯的包紧力；

　　　F_t——脱模力；

　　　α——脱模斜度；

　　　μ——塑件对钢的摩擦系数，一般为 0.1~0.3。

图 7-2　塑件脱模力计算

根据力平衡的原理，列出平衡方程式：

$$\sum F_k = 0$$

故　　　　　　　　$F_m \cos\alpha - F_t - F_b \cos\alpha = 0 \qquad (7\text{-}2)$

由式(7-1)和式(7-2)经整理后得

$$F_t = \frac{F_b(\mu\cos\alpha - \sin\alpha)}{1 + \mu\cos\alpha\sin\alpha} \qquad (7\text{-}3)$$

因实际上摩擦系数较小，$\sin\alpha$ 更小，$\cos\alpha$ 也小于 1，故忽略 $\mu\cos\alpha\sin\alpha$，式(7-3)简化为

$$F_t = F_b(\mu\cos\alpha - \sin\alpha) = Ap(\mu\cos\alpha - \sin\alpha) \qquad (7\text{-}4)$$

式中　A——塑件包络型芯的面积；

　　　p——塑件对型芯单位面积上的包紧力，一般情况下，模外冷却的塑件，p 取 $(2.4~3.9) \times 10^7 Pa$；模内冷却的塑件，p 取 $(0.8~1.2) \times 10^7 Pa$。

由上面的式子可以看出影响因素主要有以下几点：

(1)脱模力的大小主要与塑件包络型芯侧面积的大小有关型芯的侧面积越大，所需的脱模力也越大。

(2)脱模力的大小与型芯的脱模斜度有关脱模斜度越大，所需的脱模力越小。

(3)脱模力的大小与型芯的表面粗糙度有关表面粗糙度值越低，型芯表面越光洁，所需的脱模力就越小。

(4)脱模力的大小与塑件的结构有关塑件厚度越大、形状越复杂，冷却凝固时所引起的包紧力和收缩应力越大，则所需的脱模力越大。

(5)脱模力的大小与注射工艺有关注射压力越大，则包紧型芯的力越大，所需脱模力越大；脱模时模具温度越高，所需的脱模力越小；塑件在模内停留时间越长，所需的脱模力越大。

(6)脱模力的大小与成型塑件的塑料品种有关不同的塑料品种，由于分子的结构不一样，因而它们的脱模力也不一样。

7.3 一次顶出机构

在注射模设计和制造中,最简单、使用最为广泛的是顶杆顶出机构、顶管顶出机构和顶板顶出机构,这类简单的顶出机构称为常用顶出机构。这类机构也称为一次顶出机构,是指开模后在动模侧用一次顶出动作就可完成塑件的顶出。

7.3.1 顶杆顶出机构

顶杆是顶出机构中最简单最常见的一种形式。由于顶杆加工简单,更换方便,脱模效果好,因此在模具中广泛使用,但是由于顶出面积一般比较小,易引起应力集中而顶穿塑件或使塑件变形,因此很少用于拔模斜度小和脱模阻力大的管件或箱类塑件。

1. 顶杆的形状

常用顶杆的形状如图 7-3 所示。图 7-3(a)为直通式顶杆,尾部采用台肩固定,通常在 $d > 3mm$ 时采用,是最常用的形式;图 7-3(b)为阶梯形顶杆,由于工作直径比较细,故在其后部加粗以提高刚性,一般直径小于 $2.5 \sim 3mm$ 时采用;图 7-3(c)为扁顶杆,适用于制件处较深的筋位顶出。

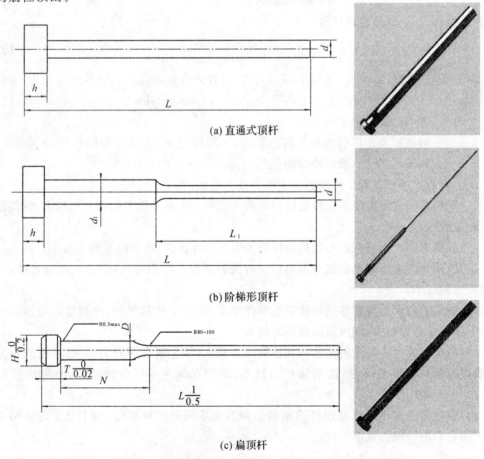

(a) 直通式顶杆

(b) 阶梯形顶杆

(c) 扁顶杆

图 7-3 顶杆基本形状

2. 顶杆配合间隙

顶杆、阶梯形顶杆、扁顶杆配合部位如图 7-4、图 7-5、图 7-6 所示,配合要求如下:

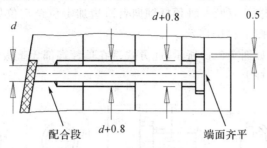

图 7-4　直通式顶杆配合间隙

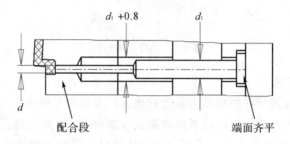

图 7-5　阶梯形顶杆配合间隙

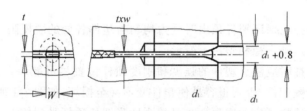

图 7-6　扁顶杆配合间隙

(1)顶杆工作部分与模板或型芯上顶杆孔的配合常采用 H8/f7～H8/f8 的间隙配合,视顶杆直径的大小与塑料品种的不同而定。顶杆直径大、塑料流动性差,可以取 H8/f8,反之采用 H8/f7。

(2)顶杆与顶杆孔的配合长度视顶杆工作直径的大小而定,当 $d<5\text{mm}$ 时,配合长度可取 12～15mm;当 $d>5\text{mm}$ 时,配合长度可取 $(2\sim3)d$。顶杆工作端配合部分的粗糙度 Ra 一般去 $0.8\mu\text{m}$。

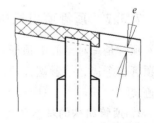

图 7-7　顶杆与模面配合

(3)顶杆、阶梯形顶杆及扁顶杆孔在其余非配合段的尺寸为 $d+0.8\text{mm}$ 或 $d_1+0.8\text{mm}$,台阶固定端与面针板孔间隙为 0.5mm。

(4)顶针、扁顶针底部端面与面针板底面必须齐平。

(5)如图 7-7 所示,顶针顶部端面与后模面应齐平,高出后模表面 $e\leqslant0.1\text{mm}$。

3. 顶杆固定方式

(1)顶杆的固定方式一般是在顶杆固定板上加工台阶进行固定,如图 7-8 所示。另外为防止顶针转动,常用方式有两种:一种顶杆轴向台阶边加定位销定位如图 7-8(a)所示;另一种横向加定位销定位如图 7-8(b)所示。

(2)无头螺丝固定,如图 7-8(c)所示,此方式是在顶针端部无垫板时使用,常用在固定顶管针和三板模球形拉料杆上。

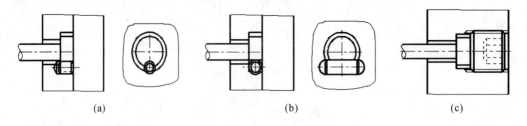

(a)　　　　　　　　　(b)　　　　　　　　　(c)

图 7-8　顶杆止转结构

4. 顶杆设计注意项

(1)顶杆的位置应选择在脱模阻力最大的地方。如图 7-1 所示的模具,因塑件对型芯的包紧力在四周最大,可在塑件边缘或者内侧附近设置顶杆,如果塑件深度较大,还应在塑件的端部设置顶杆。有些塑件在型芯或型腔内有较深且脱模斜度较小的筋位,因收缩应力的原因会产生较大的脱模阻力,在该处就必须根据塑件形状设置顶杆或者扁顶杆,如图 7-1 所示。

(2)顶杆位置选择应保证塑件顶出时受力均匀当塑件各处的脱模阻力相同时,顶杆需均匀布置,以便顶出时运动平稳和塑件不变形。

(3)顶杆位置选择时应注意塑件的强度和刚度顶杆位置尽可能地选择在塑件的壁厚和凸缘等处,尤其是薄壁塑件,否则很容易使塑件变形甚至损坏,如图 7-1 所示。

(4)顶杆位置的选择还应考虑顶杆本身的刚性当细长顶杆受到较大脱模力时,顶杆就会失稳变形。这时就必须增大顶杆的直径或增加顶杆的数量。

7.3.2 顶管顶出机构

顶管是一种空心的顶杆,它适于环形、筒形塑件或塑件上带有孔的凸台部分的顶出。由于顶管整个周边接触塑件,故顶出塑件的力量均匀,塑件不易变形,也不会留下明显的顶出痕迹。

1. 顶管机构的基本形式

图 7-9 为常用的顶管机构,顶管固定在顶杆固定板上,而中间型芯则固定在动模座板上,底部用平头螺塞进行轴向固定,这种结构定位准确,顶管强度高,型芯维修和更换方便,容易实现标准化,因此这种顶管机构已经实现了标准化、系列化,在注射模具中应用的非常普遍。

2. 顶管的固定与配合

顶管顶出机构中,顶管的精度要求较高,间隙控制较严。

(1)顶管固定部分的配合。顶管的固定与顶杆的固定类似,顶管外侧与顶管固定板之间

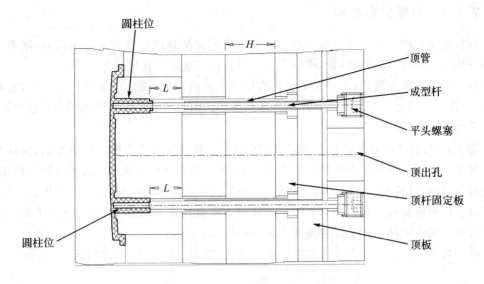

图 7-9　顶管典型结构

采用单边 0.5mm 的大间隙配合。

(2)顶管工作部分的配合。顶管工作部分的配合是指顶管与型芯之间的配合和顶管与成型模板的配合。顶管的内径与型芯的配合,当直径较小时选用 H8/f7 的配合,当直径较大时选用 H7/f7 的配合;顶管外径与模板上孔的配合,当直径较小时采用 H8/f8 的配合,当直径较大时选用 H8/f7 的配合。

为了保证顶管在顶出时不擦伤型芯及相应的成型表面,顶管的外径应比塑件外壁尺寸小 0.5mm 左右;顶管的内径应比塑件的内径每边大 $0.2\sim0.5$mm。如图 7-10(a)所示,顶管与成型模板的配合长度为顶杆直径 D 的 $1.5\sim2$ 倍,与型芯的配合长度应比顶出行程大 $3\sim5$mm,顶管的厚度也有一定要求,一般取 $1.5\sim5$mm,否则难以保证其刚性。

其余无配合段尺寸为 $D+0.8$mm,如图 7-10(a)所示。

另外当顶管的型芯直径较大时,其固定端采用垫块方式固定,如图 7-10(b)所示。

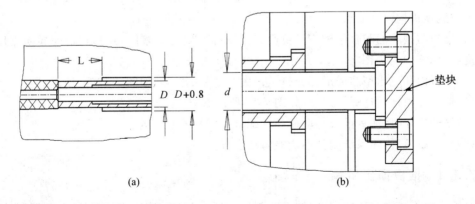

(a)　　　　　　　　　　　　(b)

图 7-10　顶管的固定与配合

7.3.3 推板顶出机构

推板顶出机构是由一块与型芯按一定配合精度相配合的模板和顶杆所组成,随着顶出机构开始工作,顶杆推动推件板,推件板从塑料制件的端面将其从型芯上顶出。

此机构适用于深筒形、薄壁和不允许有顶针痕迹的制件,或一件多腔的小壳体(如按钮制件)。特点是推力均匀,脱模平稳,制件不易变形。但是不适用于分模面周边形状复杂,推板型孔加工困难的制件。

图7-11为推件板顶出机构的典型结构形式。用整块模板作为推件板的形式,顶杆推在推件板上。顶出时推件板将塑件从型芯上顶出,顶出后推件板底面与动模板分开一段距离,清理较为方便,且有利于排气,应用较广。这种形式的推板模,在动模部分一定要设置导柱,用于对推件板的支承与导向。为了防止推件板从动模导柱和型芯上脱下,顶杆用螺纹与推件板连接以防止推件板从导柱上脱落下来,如图7-11所示。

推件板和型芯的配合精度与推管和型芯相同,即 H7/f7~H8/f7 的配合。

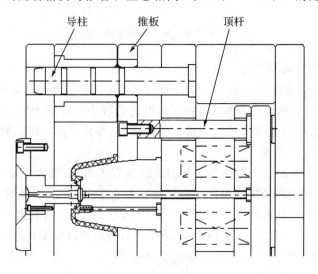

导柱　　推板　　顶杆

图7-11　顶管结构

推板脱模机构设计要点:

(1)推板与型芯的配合结构应呈锥面。这样可减少运动擦伤,并起到辅助导向作用;锥面斜度应为 3~10°,如图7-12(a)所示。

(2)推板内孔应比型芯成形部分(单边)大 0.2~0.3mm,如图7-12(b)所示。

(3)推板与顶杆通过螺钉连接,如图7-11所示。

(5)订购模架时,注意推板与动模导柱配合孔位须安装直导套。

(6)推板脱模后,须保证制件不能滞留在推板上。

7.3.4 推板顶出机构

对于表面不允许有顶针痕迹(如透明制件),且表面有较高要求的制件,可利用制件整个表面采用推块顶出,如图7-13所示。

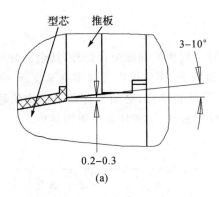

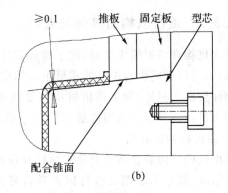

图 7-12 推板机构的配合

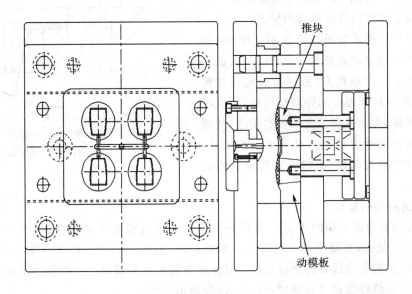

图 7-13 推块结构

1. 推块设计要点：

(1)推块应有较高的硬度和较小的表面粗糙度；选用材料应与相配合的模板有一定的硬度差；推块需渗氮处理(除不锈钢不宜渗氮外)。

(2)推块与模板间的配合间隙以不溢料为准，并要求滑动灵活；推块滑动侧面开设润滑槽。

(3)推块与模板配合侧面应设计成锥面，不宜采用直面配合。

(4)推块锥面结构应满足如图 7-14 所示；顶出距离(H_1)大于制件顶出高度，同时小于推块高度的一半以上。

(5)推块顶出应保证稳定，对较大推块须设置两个以上的顶杆。

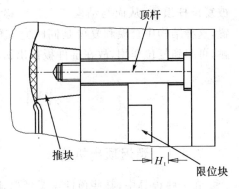

图 7-14 推块设计要点

7.3.5 顶出机构的导向与复位

顶出机构在注射模工作时,除了顶杆和复位杆与模板的间隙配合处外,其余部分均处于浮动状态,顶杆固定板与顶杆的重量不应作用在顶杆上,而应该由导向零件来支承,尤其是大中型注射模。另外,为了顶出机构往复运动的灵活和平稳,必须设计顶出机构的导向装置。顶出机构在开模顶出塑件后,为了下一次的注射成型,必须使顶出机构复位。

1. 顶出机构的导向

顶出机构导向装置通常由顶板导柱和顶板导套所组成,简单的小模具也可以由顶板导柱直接与顶出固定板上的孔组成,对于型腔简单、顶杆数量少的小模具,还可以利用复位杆与支承板的间隙配合作为顶出机构的导向。

常用的导向形式如图 7-15 所示。图 7-1 就是顶板导柱固定在动模座板上的形式,顶板导柱的一端固定在支承板上,另一端固定在动模座板上,这样导柱即可以起导向作用外,还支承着动模支承板,大大提高了支承板的刚性,从而改善了支承板的受力状况。对于中小型模具,顶板导柱可以设置两根,而对于大型模具则需要设置 4 根。

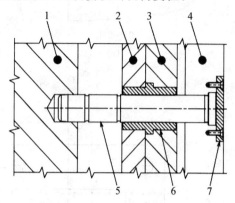

1—动模板;2—顶出固定板;3—顶出板;
4—动模座板;5—导柱;6—导套;7—压板
图 7-15 顶出机构的导向装置

2. 顶出机构的复位

顶出机构复位最常用的方法是在顶杆固定板上同时安装上复位杆,如图 7-1 中所示。复位杆为圆形截面,每副模具一般设置 4 根复位杆,其位置应对称设置在顶杆固定板的四周,以便顶出机构在合模时能平稳复位。复位杆在装配后其端面应与动模分型面齐平,顶出机构顶出后,复位杆便高出分型面一定距离(即顶出行程)。

合模时,复位杆先于顶杆与定模分型面接触,在动模向定模逐渐合拢过程中,顶出机构被复位杆顶住,从而与动模产生相对移动直至分型面合拢时,顶出机构就回复到原来的位置,这种结构中合模和复位是同时完成的。在推件板顶出的机构中,顶杆端面与推件板接触,可起到复位作用,故在推件板顶出机构中不必再另行设置复位杆。

7.4 二次顶出机构

7.4.1 延迟顶出机构

在一些模具中,某些顶针需要延迟顶出,以达到较理想的顶出效果。

在图 7-16 中,由于潜伏式浇口离塑件边缘很近,如果采用同步顶出,潜伏式浇口冷料弹出时有可能会弹伤塑件,因此,顶杆 3 采用延迟顶出。

在顶出初始阶段,顶杆 3 并不动,当顶出行程距离达到 S 时,顶出板 6 才推动顶杆 7,再推动顶杆 3 开始顶出流道冷料,从而避免了潜伏式浇口冷料弹伤塑件的现象发生。

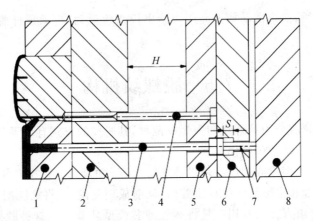

1—动模板;2—动模垫板;3—顶杆;4—扁顶杆;5—顶出固定板;6—顶出板;7—延迟顶杆;8—动模座板

图 7-16　延迟顶出机构

图中 H 为完整的顶出行程,顶杆 3 的顶出行程为 $(H-S)$。其中 S 的大小取决于潜伏式浇口冷料的形状及其与塑件的远近程度等等因素。

7.4.2　双顶出板二次顶出机构

1. 摆块式双顶出板二次顶出机构

制件如图 7-17 所示,两筋位间有半圆凹陷,被动模型芯包紧。

脱模机构如图 7-18 所示,第一次脱模顶杆、推块一起顶出使制件脱出动模型芯,为后续的强脱变形提供空间;第二次脱模,推块相对静止,由顶杆脱模,制件半圆凹陷位强脱出型芯推块。

该机构运动过程:第一次脱模四块顶出板都运动,带着顶杆、型芯推块同时运动,脱模距离为 h,使制件脱出后模型腔,一次脱模完成。当继续运动至摆块

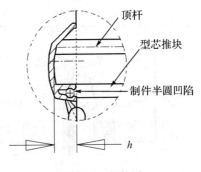

图 7-17　制件图

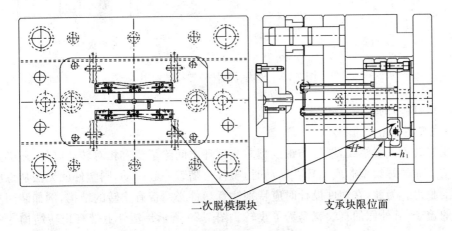

图 7-18　摆块式双顶出板二次顶出机构

碰上支承块限位面后,摆块摆动使上面两块顶出板快速运动,带动顶杆脱出制件,完成二次脱模。

7.5 脱螺纹机构

塑料制件上的螺纹分为外螺纹和内螺纹两种,其脱模的方式有以下几种:

(1)活动型芯或活动型环脱模方式

这种方式中,螺纹型芯或螺纹型环设计成活动镶件的形式,每次开模,先将螺纹型芯或螺纹型环按一定配合和定位放入模具型腔内,注射成型分模后,将螺纹型芯或型环随塑件一起推出模外,然后再由人工用专用工具将螺纹型芯或型环旋下。这种脱模方式的特点是结构简单,但生产率非常低,劳动强度大,只适用于小批量产品生产或试制模制造。

(2)滑块脱螺纹的方式

实际上这种脱模方式是采用滑块或斜顶杆的侧向分型或抽芯的方式。当塑件的外螺纹脱模时,可以采用滑块外侧分型;而塑件的内螺纹脱模,采用斜顶杆内侧抽芯。图 7-19 所示为拼合式滑块外侧分型脱螺纹机构。这两种形式的脱螺纹机构加工方便、结构简单、可靠,但在塑件螺纹上会存在着分型线。

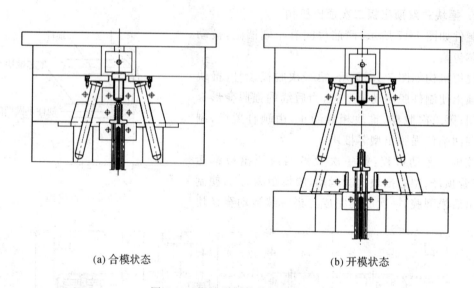

(a)合模状态　　　　　　　　　　(b)开模状态

图 7-19　滑块脱制件外螺纹结构图

(3)模内旋转的脱模方式

1)螺纹塑件的止转形式

使用旋转方式脱螺纹,塑件与螺纹型芯或型环之间除了要有相对转动以外,还必须有轴向的移动。如果螺纹型芯或型环在转动时,塑件也随着一起转动,则塑件就无法从螺纹型芯或型环上脱出。为此,在塑件设计时应特别注意塑件必须带有止转的结构,例如装药片用的塑料瓶的盖子,其外侧的直纹就是为了止转。图 7-20 所示是塑件上带有止转结构的各种形式。图 7-20(a)、(b)为内螺纹塑件上外形设止转结构的形式,图 7-20(c)为外螺纹塑件端面设止转的形式,图 7-20(d)为内螺纹塑件端面设止转的形式。在实际中,一般内螺纹塑件比较适用于模内旋转方式。

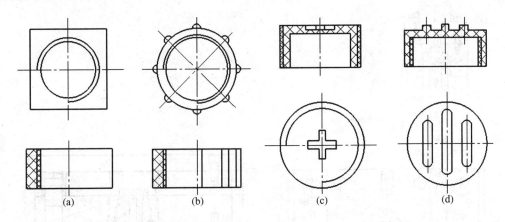

图 7-20　螺纹塑件的止转形式

常用的模内旋转方式脱螺纹机构主要有手动脱螺纹和机动脱螺纹两种。

2)手动脱螺纹

图 7-21 所示为最简单的手动模内脱螺纹的例子,当塑件成型后,在开模前先用专用工具将螺纹旋出,然后再分模和推出塑件。设计时应注意侧向螺纹型芯两端部螺纹的螺距与旋向要相同。

3)机动脱螺纹机构

机动脱螺纹机构的原理就是通过对螺纹型芯的选择从而脱出制件的内螺纹。机动脱螺纹机构的动力来自于油缸或者马达。

图 7-22 为机动脱螺纹机构内部的齿轮传动的示意图,主动齿轮带动一个或多个从动齿轮旋转,也就是螺纹型芯旋转,完成脱螺纹的动作。在模具设计中,要注意制件内螺纹的旋向,从而能设计正确的齿轮旋向。

齿轮选择的动力,来自于油缸或马达,如果采用油缸,需要经过齿条传动给主动齿轮(如图7-22 所示),如果采用马达,则可直接连接与主动齿轮即可。

制件的顶出,可以在脱螺纹动作完成以后由顶针(或顶板)等常规顶出机构顶出,也可以由脱螺纹时的反向作用力顶出。

图 7-23 为油缸驱动的齿条齿轮自动脱螺

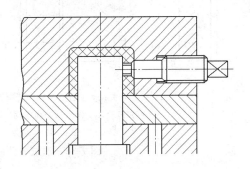

图 7-21　手动脱螺纹机构

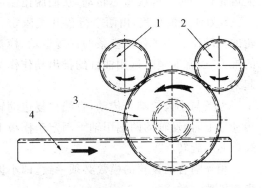

1—从动齿轮(制件 1);2—从动齿轮(制件 2);
3—主动齿轮;4—齿条
图 7-22　齿轮传动示意图

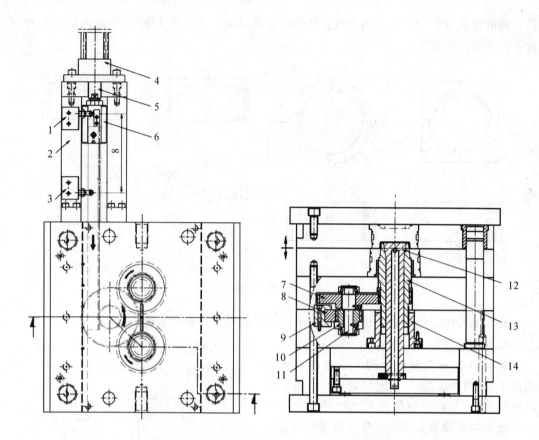

1—行程开关;2—油缸支架;3—行程开关;4—油缸;5—油缸活塞杆;6—连接器;
7—大齿轮;8—齿条;9—齿条固定块;10—小齿轮;11—传动轴;12—顶杆;
13—螺纹型芯;14—螺纹铜套

图 7-23　油缸驱动齿条齿轮自动脱螺纹机构

纹机构。此例中,有油缸推动齿条,齿条带动小齿轮转动,小齿轮和大齿轮固定于传动轴上,大齿轮转动带动螺纹型芯转动,从而脱出制品的内螺纹。

　　S 为油缸的行程,由两个行程开关限定,S 的大小,取决于脱出制件所需的转数以及齿轮的传动比。为了保障齿条的往复运动,模具上安装了 C 形的齿条固定块。为了得到更大的推力,通常脱模时选用油缸的推出动作作为脱模动力,油缸活塞杆与齿条通过连接器连接起来。

　　齿条与小齿轮啮合传动,直线往复运动转变为圆周运动,小齿轮与大齿轮同固定于一根传动轴上,传动轴的两端用轴承固定于模板上,大齿轮带动螺纹型芯上的齿形,从而实现螺纹型芯的旋转。

　　相互啮合的齿轮的模数必须一致,即小齿轮与齿条的模数一致,大齿轮与螺纹型芯上的齿部模数一致。

　　另外,在图中的塑件的螺纹为右旋,所以螺纹型芯脱模时,要顺时针方向旋转,大小齿轮则为逆时针旋转。如果制件的螺纹为左旋,那么只需将齿条及大小齿轮置于制件右侧,使大小齿轮反向旋转则可。

螺纹型芯的下部同样加工有螺纹,螺距与上部产品部位螺纹的螺距相同(旋在螺纹铜套内),在脱螺纹过程中,螺纹型芯在选择的同时,同步向下运动,保证了制件在脱螺纹的过程中静止不动,最后由顶杆顶出。

　　复位动作:油缸抽回,齿条带动齿轮旋转,再带动螺纹型芯旋转并升高到初始位置。

第8章 侧向分型与抽芯机构

当在注射成型的塑件上与开合模方向不同的内侧或外侧具有孔、凹穴或凸台时,塑件就不能直接由顶杆等推出机构推出脱模。此时模具上成型该处的零件必须制成可侧向移动的活动型芯,以便在塑件脱模推出之前,先将侧向成型零件抽出,然后再把塑件从模内推出,否则就无法脱模。带动侧向成型零件作侧向分型抽芯和复位的整个机构称为侧向分型与抽芯机构。

8.1 侧向分型与抽芯机构概述

8.1.1 侧向分型与抽芯机构的组成结构

侧向分型与抽芯机构有很多种形式,下面以一种典型结构为例介绍其组成结构:

(1)侧向成型零件。侧向成型元件是塑件侧向凹凸(包括侧孔)形状的成型零件,包括侧向型芯和侧向滑块座等零件,如图 8-1 中的滑块 3。

(2)滑动零件。滑动零件是指安装并带动侧向成型块或侧向型芯并在模具导滑槽内运

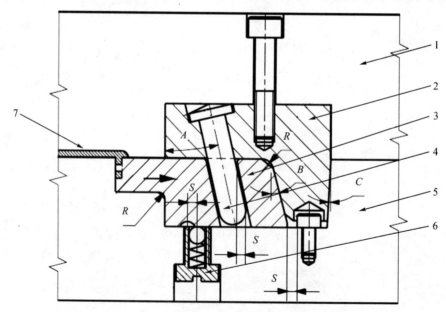

1—定模板;2—楔紧块;3—滑块;4—斜导柱;5—动模板;6—弹簧销;7—塑料制件

图 8-1 侧向分型与抽芯机构典型结构

动的零件,如图 8-1 中的滑块 3。该图中,成型零件与滑动零件合为整体,统称为滑块。

(3)传动零件。传动零件是指开模时带动滑动零件作侧向分型或抽芯,合模时又使之复位的零件,如图 8-1 中的斜导往 4。

(4)锁紧零件。为了防止注射时滑动零件受到塑料熔体侧向压力而产生位移所设置的零件称为锁紧零件,如图 8-1 中的楔紧块 2。

(5)限位零件。为了使滑动元件在侧向分型抽芯结束后停留在所要求的位置上,以保证合模时传动零件能顺利使其复位,必须设置运动零件在侧向分型抽芯结束时的限位零件,如图 8-1 中弹簧销 6。

8.2　抽芯力与抽芯距的确定

在注射过程中,每一次注射结束,塑件冷却固化,产生收缩,会对侧向活动型芯的成型部分产生包紧力。侧抽芯机构在开始抽芯的瞬间,需要克服由塑件收缩产生的包紧力所引起的抽芯阻力和抽芯机构运动时产生的摩擦阻力,这两者的合力即为起始抽芯力。

由于存在脱模斜度,一旦侧型芯开始移动,塑件对侧型芯的包紧力不复存在,接下去的继续抽芯就主要是克服抽芯机构移动过程中产生的摩擦阻力。而由于侧型芯滑块的重量通常都比较小,所以计算抽芯力时,可以忽略不计。因此,研究抽芯力的大小主要讨论初始抽芯力的大小。

抽芯距是指侧型芯从成型位置抽至不妨碍塑件脱模位置时该型芯或固定该型芯的滑块在抽芯方向所移动的距离,抽芯距的长短直接关系到驱动侧抽芯滑块机构的设计。

8.2.1　抽芯力的确定

由于塑件包紧在侧向型芯或黏附在侧向型腔上,因此在各种类型的侧向分型与抽芯机构中,侧向分型与抽芯时必然会遇到抽拔的阻力,侧向分型与抽芯的力(简称抽芯力)一定要大于抽拔阻力。侧向抽芯力与脱模力的计算方法相同,可按式(8-4)计算,即 $F_t = Ap(\mu\cos\alpha - \sin\alpha)$。影响抽芯力大小的因素很复杂,但与塑件脱模时影响其推出力的大小相似,归纳起来有以下几个方面:

(1)成型塑件侧向凹凸形状的表面积愈大,即被塑料熔体包络的侧型芯侧向表面积愈大,包络表面的几何形状愈复杂,所需的抽芯力愈大。

(2)包络侧型芯部分的塑件壁厚愈大、塑件的凝固收缩率愈大,则对侧型芯包紧力愈大,所需的抽芯力也增大。

(3)同一侧抽芯机构上抽出的侧型芯数量增多,则塑料制件对每个侧型芯产生包紧力,也会使抽芯阻力增大。

(4)侧型芯成型部分的脱模斜度愈大,表面粗糙度低,且加工纹路与抽芯方向一致,则可以减小抽芯力。

(5)注射成型工艺对抽芯力也有影响。注射压力愈大,对侧型芯的包紧力增大,增加抽芯力;注射结束后的保压时间长,可增加塑件的致密性,但需增大抽芯力。

(6)塑料品种不同,收缩率也不同,也会直接影响抽芯力的大小。另外,粘模倾向大的塑料会增大抽芯力。

8.2.2 抽芯距的确定

在设计侧向分型与抽芯机构时,除了计算侧向抽拔力以外,还必须考虑侧向抽芯距(亦称抽芯距)的问题。侧向抽芯距一般比塑件上侧凹、侧孔的深度或侧向凸台的高度达 2～3mm,公式表达为

$$s = s' + (2\sim3) \tag{8-1}$$

式中　s——抽芯距,mm

　　　s'——塑件上侧凹、侧孔的深度或侧向凸台的高度,mm。

当塑件的结构特殊时,如塑件外形为圆形并用哈夫式滑块侧抽芯时(见图 8-2),其抽芯距为

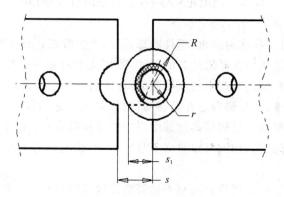

图 8-2　哈夫式滑块的抽芯距

$$s = \sqrt{R^2 - r^2} + (2\sim3) \tag{8-2}$$

式中　R——外形最大圆的半径,mm;

　　　r——阻碍塑件脱模的外形最小圆半径,mm。

8.3　动模侧向分型抽芯机构

动模侧向分型抽芯机构在模具中应用非常广泛,其主要特点为滑块在动模侧进行滑动,滑块分型、抽芯与开模同时或延迟进行。其驱动机构一般由固定在定模侧的斜导柱、弯销或锁模斜楔驱动,开模时滑块朝远离制件的方向运动。其典型结构包括斜导柱侧向分型抽芯机构、斜槽侧向分型抽芯机构、弯销侧向分型抽芯机构。

8.3.1 斜导柱侧向分型抽芯机构

一、斜导柱侧抽芯机构的工作原理

在所有的侧抽芯机构中,斜导柱侧抽芯机构应用最为广泛,其基本结构组成如图 8-1 所示。它是由侧滑块 3、斜导柱 4、楔紧块 2、限位弹簧销 6 等零件组成。

图 8-1 为注射结束时模具合模状态,侧滑块 3 由楔紧块 2 锁紧;开模时,动模部分向后移动,塑件包在动模型芯上随着动模一起移动,在斜导柱 4 的作用下,侧滑块 3 在推件板上

的导滑槽内沿着与脱模方向垂直的方向作侧向抽芯。侧向分型与抽芯结束时,斜导柱脱离侧滑块 3,侧滑块 3 在限位弹簧销 6 的作用下卡在限位孔处,以便再次合模时斜导柱能准确地插入侧滑块的斜导柱孔中,迫使其复位。

二、斜导柱

1. 斜导柱的基本形式

斜导柱的基本形式如图 8-3 所示。L_1 为固定于模板内的部分,与模板内的安装孔采取 $H7/m6$ 的过渡配合,L_2 为完成抽芯所需工作部分长度,α 为斜导柱的倾斜角,L_3 为斜导柱端部具有斜角 θ 部分的长度,为合模时斜导柱能顺利插入侧滑块斜导柱孔内而设计,θ 角度常取比 α 大 $2°\sim3°$(如果 $\theta<\alpha$,则 L_3 部分会参与侧抽芯,使抽芯尺寸难以确定)。而侧滑块斜导柱孔与斜导柱工作部分常留有 $0.5\sim1\text{mm}$ 的间隙。

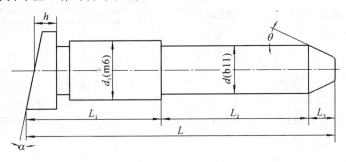

图 8-3　斜导柱基本形式

2. 斜导柱倾斜角的选择

在斜导柱侧向分型与抽芯机构中,斜导柱与开合模方向的夹角称为斜导柱的倾斜角。它是决定斜导柱抽芯机构中工作效果的重要参数。α 的大小对斜导柱的有效工作长度、抽芯距、受力状况等起着直接的重要影响。

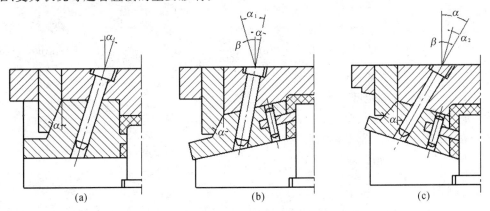

图 8-4　侧滑块抽芯方向与开模方向的关系

斜导柱的倾斜角可分为三种情况,如图 8-4 所示。8-4(a)为侧滑块抽芯方向与开合模方向垂直的状况,也是最常采用的一种方式,通过受力分析与理论计算可知,斜导柱的倾斜角 α 取 $22°33'$ 比较理想,一般在设计时取 $\alpha\leqslant25°$,最常用的是 $12°\geqslant\alpha\leqslant22°$;图 8-4(b)为侧型芯滑块抽芯方向向动模一侧倾斜 β 角度的状况,影响抽芯效果的斜导柱的有效倾斜角为 $\alpha_1 = \alpha + \beta$,斜导柱的倾斜角 α 取值应在 $\alpha + \beta \leqslant 25°$ 内选取,比不倾斜时要取得小些;图 8-4(c) 为侧型芯滑块抽芯方向向定模一侧倾斜 β 角度的状况,影响抽芯效果的斜导柱有效倾斜角为 $\alpha_2 = \alpha - \beta$,斜导柱的倾斜角 α 值应在 $\alpha - \beta \leqslant 25°$ 内选取,比不倾斜时可取得大些。

斜导柱倾斜角 α 的选择不仅与抽芯距和斜导柱的长度有关,而且决定着斜导柱的受力情况。当抽芯阻力一定的情况下,倾斜角 α 增大时,斜导柱受到的弯曲力增大,但为完成抽芯所需的开模行程减小,斜导柱有效工作长度也减小。

综上所述,在确定斜导柱倾斜角时,通常抽芯距长时 α 可取大些,抽芯距短时,可适当取小些;抽芯力大时 α 可取小些,抽芯力小时。可取大些。而从斜导柱的受力情况考虑,希望 α 值取小一些;从减小斜导柱长度考虑,又希望 α 值取大一些。因此,斜导柱倾斜角 α 值的确定应综合考虑。

3. 斜导柱长度计算

斜导柱长度的计算见图 8-5。在侧型芯滑块抽芯方向与开模方向垂直时,可以推导出斜导柱的工作长度 L 与抽芯距 s 及倾斜角 α 有关,即

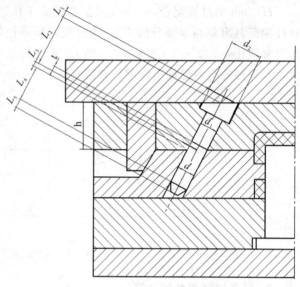

$$L = \frac{s}{\sin\alpha} \qquad (8-3)$$

图 8-5 斜导柱的长度

当型芯滑块抽芯方向向动模一侧或向定模一侧倾斜 α 角度时,斜导柱的工作长度为

$$L = s\frac{\cos\beta}{\sin\alpha} \qquad (8-4)$$

斜导柱的总长为:

$$L_z = L_1 + L_2 + L_3 + L_4 + L_5 = \frac{d_2}{2}\tan\alpha + \frac{h}{\cos\alpha} + \frac{d}{2}\tan\alpha + \frac{s}{\sin\alpha} + (5 \sim 10)\,\text{mm} \qquad (8-5)$$

式中　L_z——斜导柱总长度;

　　　d_2——斜导柱固定部分大端直径;

　　　h——斜导柱固定板厚度;

　　　d——斜导柱工作部分的直径;

　　　s——侧向抽芯距。

三、侧滑块

侧滑块是斜导柱侧向分型与抽芯机构中的一个重要零部件,一般情况下,它与侧向型芯(或侧向成型块)组合成侧滑块型芯,称为组合式。在侧型芯简单且容易加工的情况下,也有将侧滑块和侧型芯制成一体的,称为整体式。在侧向分型与抽芯过程中,塑件的尺寸精度和侧滑块移动的可靠性都要靠其运动的精度来保证。使用最广泛的是 T 形滑块,如图 8-6 所示。在图 8-6 所示形式中,T 形一般设计在滑块的底部,侧型芯的中心与 T 形导滑面较近,

抽芯时滑块稳定性较好。

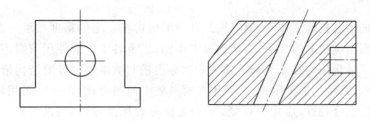

图 8-6 侧滑块基本形式

在侧滑块型芯结构中,图 8-7 所示是常见的几种侧型芯与侧滑块的连接形式。图 8-7 (a)为滑块采用整体式结构,一般适用于型芯较大,强度较好的场合;图 8-7(b)采用螺钉的固定形式,一般适用于型芯成方形结构且型芯不大的场合下;图 8-7(c)为小的侧型芯从侧滑块的后端镶入后再使用螺塞固定的形式,在多个侧向圆形小型芯镶拼组合的情况下,经常采用这种形式;图 8-7(d)也是多个小型芯镶拼组合的形式,把各个型芯镶入一块固定板后,用螺钉和销钉将其从正面与侧滑块连接和定位的形式,如果影响成型,螺钉和销钉也可从侧滑块的背面与侧型芯固定板连接和定位。

侧型芯是模具的成型零件,常用 T8、T10、C12MoV、P20 等材料制造,热处理硬度要求大于 50HRC。侧滑块则采用 45 钢等材料制造,硬度要求较低。

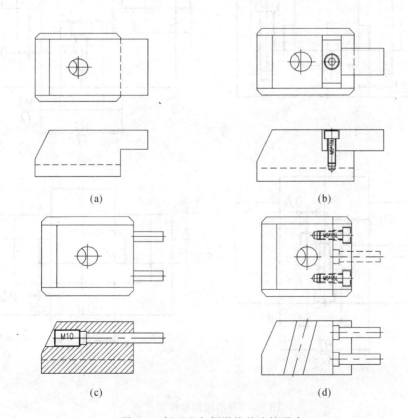

图 8-7 侧型芯与侧滑块的连接形式

四、导滑槽

斜导柱侧向抽芯机构工作时,侧滑块是在导滑槽内按一定的精度和沿一定的方向往复移动的零件。根据侧型芯的大小、形状和要求不同,以及各工厂的使用习惯不同,导滑槽的形式也不相同。最常用的是 T 形槽。图 8-8 为导滑槽与侧滑块的导滑结构形式;图 8-8(a)采用整体式结构,该结构加工困难,一般用在模具较小的场合;图 8-8(b)采用用矩形的压板形式,加工简单,强度较好,应用很广泛,压板规格可查标准零件表;图 8-8(c)采用 T 形压

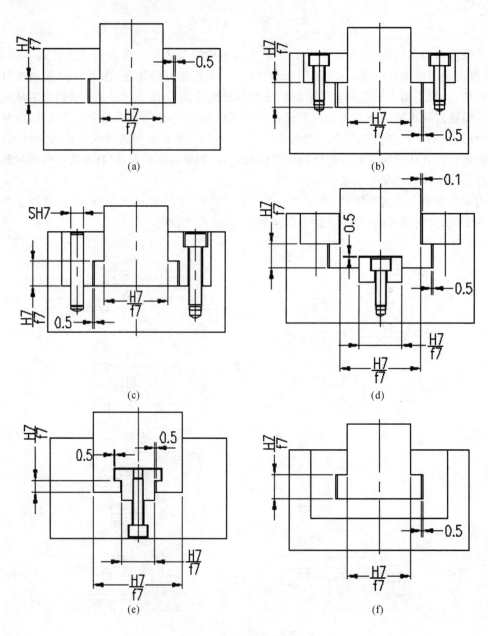

图 8-8　导滑槽的结构形式

板,加工简单,强度较好,一般要加销钉定位;图 8-8(d)采用压板和中央导轨形式,一般用在滑块较长和模温较高的场合下。图 8-8(e)采用"T"形槽,且装在滑块内部,一般用于空间较小的场合,如内滑块;图 8-8(f)采用镶嵌式的 T 形槽,稳定性较好,但是加工困难。

由于注射成型时,滑块在导滑槽内要求能顺利地来回移动,因此,对组成导滑槽零件的硬度和耐磨性是有一定要求的。整体式的导滑槽通常在定模板或动模板上直接加工出来,而动、定模板常用的材料为 45 钢,为了便于加工,常常调质至 28～32HRc,然后再铣削成形。对于组合式导滑槽的结构,压板的材料常用 T8、T10、Cr12MoV,热处理硬度要求大于50HRC,另外在滑块底部通常会增设耐磨板(如图 8-9 所示,材料一般为 Cr12MoV)以增加导滑槽的导滑功能在设计导滑槽与侧滑块时,要正确选用它们之间的配合。导滑部分的配合一般采用 H7/f7,如图 8-8 所示。如果在配合面上成型时与熔融材料接触,为了防止配合处漏料,应适当提高配合精度,其余各处均可留 0.5mm 左右的间隙。配合部分的粗糙度 Ra要求大于 0.8μm。

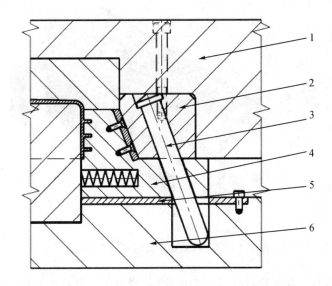

1—定模板;2—斜楔;3—斜导柱;4—滑块;5—耐磨板;6—动模板
图 8-9 耐磨板在侧滑块上的应用

另外为了让侧滑块在导滑槽内移动灵活,不被卡死,导滑槽和侧滑块要求保持一定的配合长度。当侧滑块完成抽拔动作后,其滑动部分仍应全部或部分长度留在导滑槽内,一般情况下,保留在导滑槽内的侧滑块长度不应小于导滑槽总配合长度的 2/3。倘若模具的尺寸较小,为了保证有一定的导滑长度,可以把导滑槽局部加长,如图 8-10(b)所示。另外,还要求滑块配合导滑部分的长度大于宽度的 1.5 倍以上,倘若因塑件形状的特殊和模具结构的限制,侧滑块的宽度反而比其长度大,那么增加该滑块上斜导柱的数量则是解决上述问题的最好办法(如图 8-11 所示)。

五、楔紧块

注射成型时,型腔内的熔融塑料以很高的成型压力作用在侧型芯上,从而使侧滑块后退产生位移,侧滑块的后移将力作用到斜导柱上,导致斜导柱产生弯曲变形;另一方面,由于斜

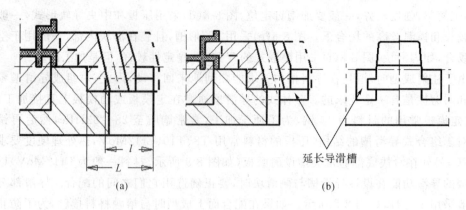

(a)   (b)

延长导滑槽

图 8-10　导滑槽与滑块配合长度的关系

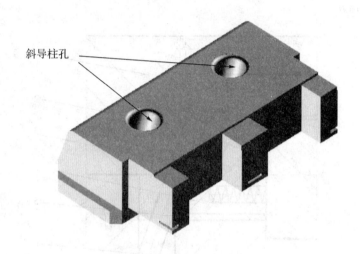

斜导柱孔

图 8-11　宽度较大滑块需增加多个导柱孔

导柱与侧滑块上的斜导孔采用较大的间隙配合,侧滑块的后移也会影响塑件的尺寸精度,所以,合模注射时,必须要设置锁紧装置锁紧侧滑块,常用的锁紧装置为楔紧块,如图 8-12 所示。图 8-12(a)中的滑块采用整体式锁紧方式,该结构刚性好,但加工困难,脱模距小,适用于小型模具;图 8-12(b)滑块采用镶拼式锁紧方式,通常可用标准件,可查标准零件表,该结构强度好,适用于锁紧力较大的场合;图 8-12(c)采用嵌入式锁紧方式,适用于较宽的滑块;图 8-12(d)采用镶式锁紧方式,刚性较好,一般适用于空间较大的场合。

在设计楔紧块时,楔紧块的斜角 α'(见图 8-4 所示)应大于斜导柱的倾斜角 α,否则开模时,楔紧块会影响侧抽芯动作的进行。当侧滑块抽芯方向垂直于合模方向时,$\alpha'=\alpha+2°\sim3°$;当侧滑块抽芯方向向动模一侧倾斜 β 角度时,$\alpha'=\alpha_1-\beta+2°\sim3°$;当侧滑块抽芯方向向动模侧倾斜 β 角度时,$\alpha'=\alpha_2+\beta+2°\sim3°$。这样,开模时楔紧块很快离开滑块的压紧面,避免楔紧块与滑块间产生摩擦。合模时,在接近合模终点时,楔紧块才接触侧滑块并最终压紧侧滑块,使斜导柱与侧滑块上的斜导柱孔壁脱离接触,以避免注射时斜导柱受力变形。

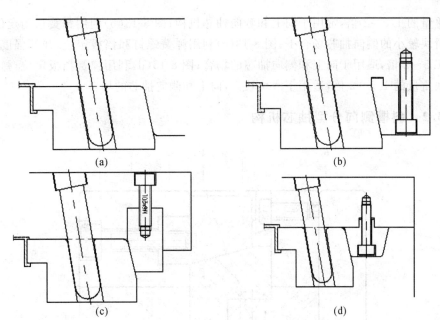

图 8-12　楔紧块形式

六、定位装置

侧滑块与斜导柱分别工作在模具动、定模两侧的侧抽芯机构,开模抽芯后,侧滑块必须停留在刚脱离斜导柱的位置上,以便合模时斜导柱准确插入侧滑块上的斜导孔中,因此,必须设计侧滑块的定位装置,以保证侧滑块脱离斜导柱后,可靠地停留在正确的位置上。常用的侧滑块定位装置如图 8-13 所示。图 8-13(a)中利用弹簧螺钉进行定位,所用的弹簧强度

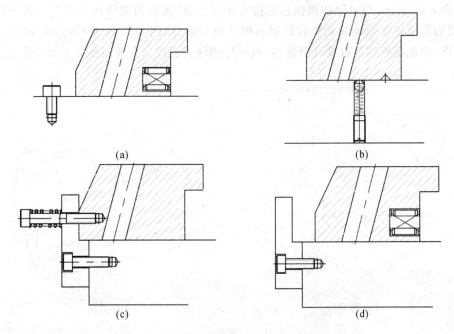

图 8-13　侧滑块的定位装置

为滑块重量的 1.5～2 倍,常用于向上和侧向抽芯机构;图 8-13(b)利用弹簧顶销定位,适用于一般滑块较小的侧向抽芯场合下;图 8-13(c)利用弹簧螺钉和挡板定位,弹簧强度为滑块重量的 1.5～2 倍,适用于向上和侧向抽芯的场合;图 8-13(d)利用弹簧挡板定位,弹簧的强度为滑块重量的 1.5～2 倍,适用于滑块较大,向上和侧向抽芯的场合。

8.3.2 斜槽侧向分型抽芯机构

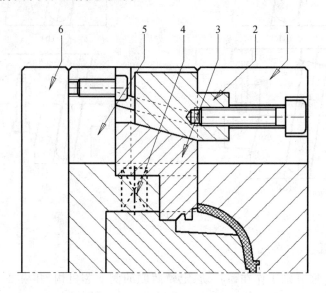

1—定模板;2—斜楔;3—滑块;4—弹簧;5—动模板;6—动模垫板
图 8-14 斜槽侧向分型抽芯机构

1. 斜槽侧向分型与抽芯机构的工作原理

如图 8-14 所示,与斜导柱侧抽芯机构有相同之处,该机构的滑块 3 也在动模侧进行滑动,不同的是滑块 3 滑动驱动是在锁模斜楔 2 斜滑槽(如图 8-15 所示)的作用下完成分型、抽芯动作,因此该机构没有设计斜导柱,斜导柱的作用已经完全被斜楔 2 上加工出来的斜滑

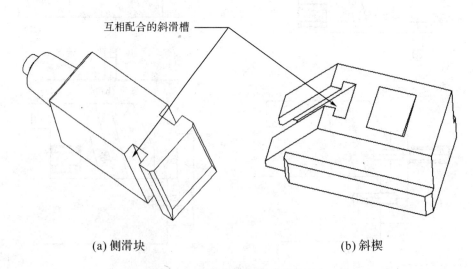

(a)侧滑块   (b)斜楔

图 8-15 侧滑块与斜楔的滑槽配合

槽取代,斜楔 2 固定在定模板 1 上,开模时,斜楔 2 与动模部分分离,随之带动动模板 5 上的侧滑块 3 进行滑动抽芯,并由动模板上的限位螺钉进行抽芯动作的限位。

2. 斜槽侧向分型与抽芯机构特点

整体结构紧凑,工作稳定可靠,由于依靠斜楔进行抽芯,因此侧向抽拔力大。适用于滑块较大、抽拔力较大的情况。缺点:制作复杂,锁模斜楔与斜滑槽之间的摩擦力较大,其接触面需提高硬度并润滑。

8.3.3 弯销侧向分型抽芯机构

如果在斜导柱侧向分型与抽芯机构中,将截面是矩形的弯销代替斜导柱,就成了弯销侧向分型与抽芯机构。

1. 弯销侧向分型与抽芯机构的工作原理

弯销侧向分型与抽芯机构的工作原理与斜导柱侧向分型与抽芯机构非常相似,该侧抽芯机构仍然离不开侧向滑块的导滑、注射时侧型芯的锁紧和侧抽芯结束时侧滑块的定位这三大设计要素。

图 8-16 所示为弯销侧抽芯的典型结构。弯销 2 固定于定模板 1 内,但此时定模板内没有了斜楔,这是因为弯销 2 取代了斜楔的作用,此时如果模具比较小,斜楔可以不用安装,侧型芯滑块 3 安装在动模板 4 的导滑槽内,弯销 2 与侧型芯滑块 3 上孔的间隙通常取 0.5mm 左右(如图所示)。开模时,动模部分后退,在弯销 2 作用下侧型芯滑块 3 作侧向抽芯,滑块向后进行抽芯。当抽芯结束,侧型芯滑块 3 由弹簧销 6 与限位螺钉 5 定位,最后塑件被推出。

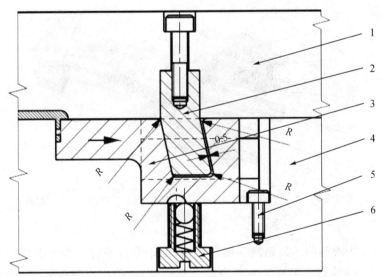

1—定模板;2—弯销;3—滑块;4—动模板;5—限位螺钉;6—限位弹簧销

图 8-16 弯销侧向分型抽芯机构

2. 弯销侧向分型与抽芯机构的特点

弯销侧向分型与抽芯机构有几个比较明显的特点。一个特点是由于弯销是矩形截面,其抗弯截面系数比圆形截面的斜导柱要大。因此可以采用比斜导柱较大的倾斜角,但是也不应过大,如果没有设计有专门的锁模斜楔,倾斜角就不应过大,以减少滑块和弯销所受的力;另一个特点是在模具位置比较紧张时,滑块体积很小,采用弯销抽芯机构可以节省模具的空间位置,弯销即可以起锁模斜楔的作用,也可以起斜导柱的作用,结构简单实用。

8.3.4 液压或气动侧向分型抽芯机构

液压或气动侧向分型与抽芯机构是通过液压缸或气缸活塞及控制系统来实现的。当塑件的侧向有较深的孔时,例如三通管子塑件,侧向抽芯距很大,用斜导柱、斜滑块等侧抽芯机构无法解决时,此时往往优先考虑采用液压或气动侧抽芯机构。一般的塑料注射机上通常配有液压抽芯的油路及其控制系统,所以,注射成型常用液压抽芯而很少采用气动抽芯。图8-17所示为模具所用的液压油缸。

图 8-17　模具用油缸

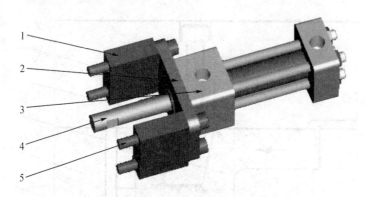

1—方形支撑脚;2—固定用挡板;3—油缸;4—活塞(加工有工字槽);5—紧固螺钉

图 8-18　油缸与支架连接

图8-19所示为典型的动模侧液压抽芯机构,图中左右各有一个大滑块,右侧滑块4由于抽芯行程比较长,采用大油缸2;左侧滑块7行程较短,采用小型油缸9。开模后,油缸开始动作,待滑块完全滑至抽芯行程后,顶出机构才开始顶出;复位时,顶针板先复位,给油缸信号后油缸开始推动滑块复位,(需有顶针板复位信号开关支持),最后合模。

油缸活塞杆油缸与滑块的连接如图8-20所示:油缸与滑块的连接一般采用"T"形槽连接,目的是方便拆装,因为油缸外形较大,常常最后安装,有的甚至要模具上了注塑机才安装。滑块上的"T"形槽为通槽,油缸活塞杆前端旋上一个"T"形连接件,安装时,将油缸放入

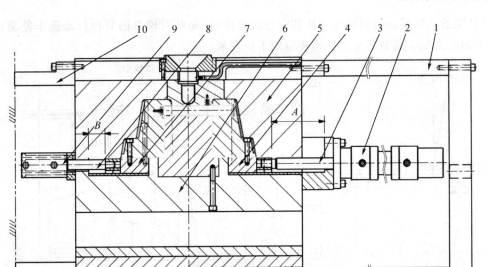

1—吊模框架;2—右侧大油缸;3—油缸活塞杆;4—右侧滑块;5—定模板;
6—动模板;7—左侧滑块;8—活塞杆;9—左侧小油缸;10—模具撑脚

图 8-19 液压侧向分型与抽芯机构

后,螺钉固定于支架即可。

图 8-19 中的右侧油缸 2 会影响模具吊装,所以设计大型框架 1 来避开;左侧油缸 9 会影响模具的停放,因此设计比较高的模具撑脚 10 来撑起模具。这些外围设计都是为了模具的停放、吊装、运输以及上注塑机等情况考虑。

设计液压侧向抽芯机构时,要注意液压缸的选择、安装及液压抽芯与复位的时间顺序。液压缸的选择要按计算的侧向抽芯大小及抽芯距长短来确定;液压缸的安装通常采用支架将液压缸固定在模具的外侧(见图 8-18),也有采用支柱或液压缸前端外侧直接

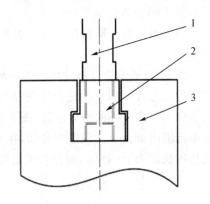

1—活塞杆;2—连接件;3—滑块

图 8-20 油缸连接方式

用螺纹旋入模板的安装形式,视具体情况而定;安装时还应注意侧型芯的锁紧形式;侧型芯抽出与复位的时间顺序是按照侧型芯的安装位置、顶杆推出与复位的次序、开合模对侧抽芯和复位的影响来确定的。

8.3.5 侧向分型抽芯的先复位机构

设计动模侧侧向分型与抽芯机构时必须注意侧滑块与顶杆在合模复位过程中不能发生干涉现象。干涉现象是指在合模过程中侧滑块的复位先于顶杆的复位而导致活动侧型芯与顶杆相碰撞,造成活动侧型芯或顶杆损坏的事故。

侧向滑块型芯与顶杆发生干涉的可能性出现在两者在垂直于开合模方向分型面的投影发生重合的情况下,如图 8-21 所示。在侧型芯的投影下面设置有顶杆,这样当合模过程中

斜导柱刚插入侧滑块的斜导孔中使其向右边复位时,而此时模具的复位杆却还未使顶杆复位,下面就会发生侧型芯与顶杆相碰撞的干涉现象。

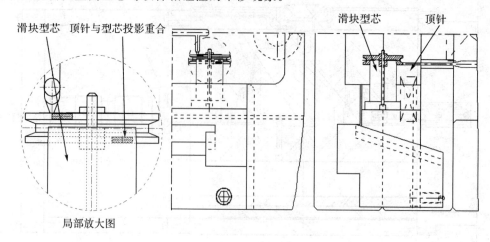

图 8-21　侧滑块型芯与顶杆在开模方向上的投影重合

因此在模具结构允许时,应尽量避免侧型芯在分型面的投影范围内设置顶杆。如果受到模具结构的限制而在侧型芯下一定要设置顶杆时,应首先考虑能否使顶杆推出一定距离后仍低于侧型芯的最低面(这一点往往难做到),当这一条件不能满足时,就必须分析产生干涉的临界条件和采取措施使推出机构先复位,然后才允许侧型芯滑块的复位,这样才能避免干涉。

图 8-22 所示为分析发生干涉临界条件的示意图。图 8-22(a)为开模侧抽芯后顶杆推出塑件的状态;图 8-21(b)是合模复位时,复位杆使顶杆复位、斜导柱使侧型芯复位而侧型芯与顶杆不发生干涉的临界状态;图 8-22(c)是合模复位完毕的状态,侧型芯与顶杆在分型面投影范围内重合了。从图中可知,在不发生干涉的临界状态下,侧型芯已经复位了 s',还需复位的长度为 $s-s'=s_c$,而顶杆需复位的长度为 h_c,如果完全复位,应有如下关系:

$$h_c \tan\alpha = s_c \qquad (8-6)$$

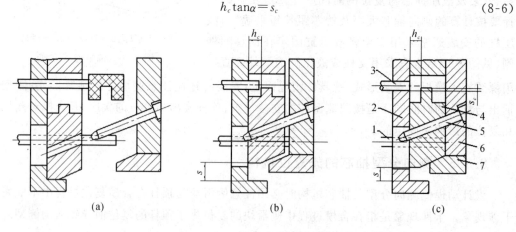

1—复位杆;2—动模板;3—顶杆;4—滑块;5—斜导柱;6—定模座板;7—斜楔

图 8-22　不发生干涉的临界条件

在完全不发生干涉的情况下,需要在临界状态下时侧型芯与顶杆还应有一段微小的距离 Δ,因此,不发生干涉的条件为:

$$h_c \tan\alpha = s_c + \Delta$$

或者

$$h_c \tan\alpha > s_c \qquad\qquad (8\text{-}7)$$

式中　h_c——在完全合模状态下顶杆端面离侧型芯的最近距离;

　　　s_c——在垂直与开模方向的平面上,侧型芯与顶杆在分型面投影范围内重合长度;

　　　Δ——在完全不干涉的情况下,顶杆复位到 h_c 位置时,侧型芯沿复位方向距离顶杆侧门的最小距离,一般取 $\Delta = 0.5\text{mm}$。

一般情况下,只要使 $h_c \tan\alpha - s_c > 0.5\text{mm}$ 即可避免干涉,如果实际的情况无法满足这个条件,则必须设计顶杆的先复位机构。下面介绍几种典型的顶杆先复位机构。

1. 弹簧式先复位机构

弹簧先复位机构是利用弹簧的弹力使推出机构在合模之前进行复位的一种先复位机构,弹簧被压缩地安装在推杆固定板与动模支承板之间,如图 8-23 所示。图中复位弹簧 1 安装在复位杆 2 上,这是中小型注射模最常用的形式。在弹簧式先复位机构中,一般需 4 根弹簧,均匀布置在顶出固定板 6 的四周,以便让顶出固定板 6 受到均匀的弹力而使顶杆 5 顺利复位。开模时,塑件包在动模镶块 3 上一起随动模后退,当顶出机构开始工作时,注射机上的顶杆推动顶出板 6,使复位弹簧 1 进一步压缩,直至顶杆 5 推出塑件。一旦开始合模,注射机顶杆与模具上的顶出板 8 脱离接触时,在复位弹簧 1 回复力的作用下使顶杆 5 迅速复位。

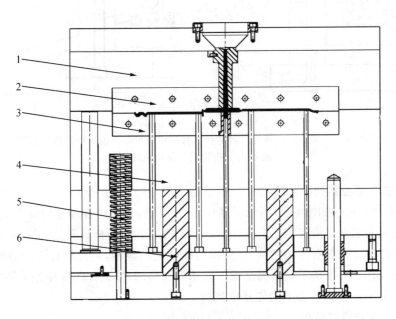

1—定模板;2—定模镶块;3—动模镶块;4—动模板;5—复位弹簧;6—支承柱

图 8-23　弹簧先复位机构

弹簧先复位机构结构简单、安装方便,所以模具设计者都喜欢采用。但弹簧容易疲劳失效,可靠性差一些,一般只适合于复位力不大的场合,并需要选择合适的弹簧以及定期检查和更换弹簧。

2. 簧片式先复位机构

图 8-24 所示为簧片式先复位机构,簧片 4 用固定座 6 固定在顶出固定板上,与之相配合的导杆 2 则固定在定模板上,在动模板上安装有簧片限制块 3。图 8-24(a)为模具开模状态,开模时导杆 2 固定在定模板上,与簧片 4 处于分离状态。当塑件顶出后,动模开始向定模侧移动,而此时定模侧的导杆 2 距离动模侧的簧片 4 比较近,在定动模接触之前,导杆 2 首先进入到簧片 4 内,迫使簧片 4 张开。由于限制块 3 的约束,簧片的张开角度受到限制,这样导杆 2 就通过簧片 4 推动顶出固定板进行复位运动,以达到先复位的目的,图 8-24(b) 为复位后的模具合模状态。

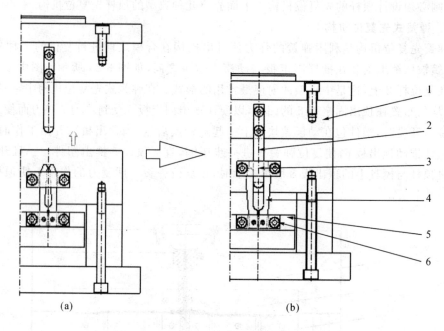

(a)   (b)

1—定模板;2—导杆;3—簧片限制块;4—簧片;5—顶出固定板;6—簧片固定座

图 8-24 簧片式先复位机构

3. 摆杆式先复位机构

摆杆式先复位机构如图 8-25 所示。摆杆 4 一端用转轴固定在动模板 3 上,另一端装有滚轴,楔杆 2 则固定在定模板 1 上。图 8-25(a)是开模状态,当模具开始合模时,动模部分向定模侧移动,楔杆 2 先与摆杆 4 接触,顺势推动摆杆上的滚轴,迫使摆杆 4 绕着转轴作顺时针旋转,同时摆杆 4 又推动了顶出固定板 5 向动模侧移动,使顶杆的复位先于侧型芯滑块的复位。图 8-25(b)是合模状态下的先复位机构

4. 双摆杆式先复位机构

图 8-26 所示为双摆杆式先复位机构。工作时,推杆先复位的速度比楔杆摆杆式先复位机构快,其工作原理与楔杆摆杆式先复位机构比较相似。

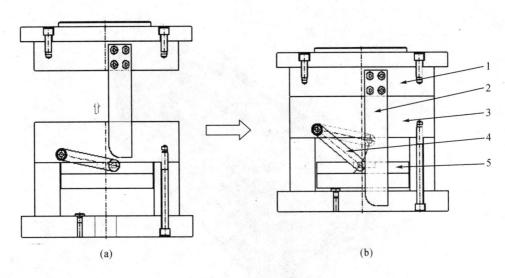

(a)   (b)

1—定模板;2—楔杆;3—动模板;4—摆杆;5—顶出固定板

图 8-25 　摆杆是先复位机构

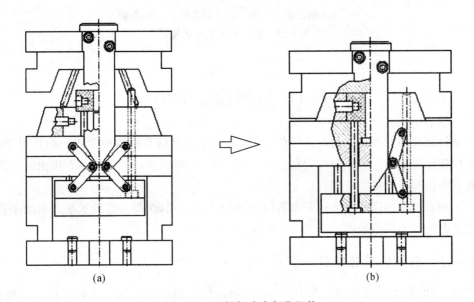

(a)   (b)

图 8-26 　双摆杆式先复位机构

5. 液压式先复位机构

图 8-27 所示为大型汽车保险杠模具的液压式先复位机构,图中的液压油缸缸体 2 固定在动模板上,但是活塞杆 3 却通过连接座 4 与顶出固定板 1 连接。这样当动、定模分模,顶出系统开始顶出塑件时,油缸 2 开始工作,活塞杆 3 向上拉起顶出固定板 1,实现液压顶出;当动、定模开始合模时,油缸活塞杆 3 又可以向下推动顶出固定板,实现顶出固定板 1 的先复位。

液压式先复位机构的特点是:由于油缸的运动是依靠注塑机上的油路进行控制,油缸的复位力比较大,可以实现大型模具的先复位;但控制系统比较复杂。

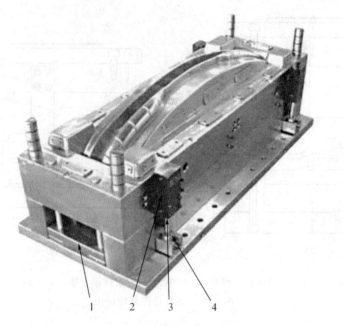

1—顶出固定板；2—油缸；3—活塞杆；4—连接座

图 8-27　液压式先复位机构

8.4　斜顶抽芯机构

当塑料制件内部侧壁上有凸凹部位时，通常采用斜顶抽芯机构的形式。而且由于斜顶抽芯机构在模板上所占的空间位置很少，当塑件被顶出时斜顶抽芯机构亦有顶出的作用，所以在模具中得到了大量的应用。

斜顶抽芯机构的原理是通过斜顶斜线方向的顶出运动，获得一定的水平方向的平移，从而使侧壁上的凸凹部位脱模。

8.4.1　斜导杆抽芯机构

如图 8-28 所示，为了能进行斜顶出运动，斜顶杆 4 设计成双斜面。斜顶杆 4 长度比较长，从动模一直斜至顶出固定板。在动模底部镶有导滑板 3，斜顶杆底部用销与滑座 2 形成活动连接。在滑座 2 底部镶有硬度较高的耐磨板 1，以提高滑座的滑动性能。当模具开模后，顶出系统开始运动，顶出固定板带动斜顶快作顶出运动，由于斜顶杆具有双平行斜面，斜顶杆依靠与导滑板 3 的配合进行斜向顶出，当斜顶杆顶出到一定距离，就会脱出制件，抽芯运动结束。在这种场合，斜顶杆即可以起顶出作用，也可以起抽芯作用。

斜顶抽芯机构(一)的详细组成部分见图 8-29，斜顶杆 1 的倾斜角度及顶出行程决定了斜顶在水平方向的移动距离。导滑板 2 固定于动模板的底部，可以提供给斜顶导向固定的作用，而模板上与斜顶杆配合的间隙必须加大，避免两者互相接触，如图 8-28 所示。另外由于斜顶要在制件内部滑动，故斜顶顶面应略低于动模镶块顶面 0.1～0.3mm，同时在斜顶的

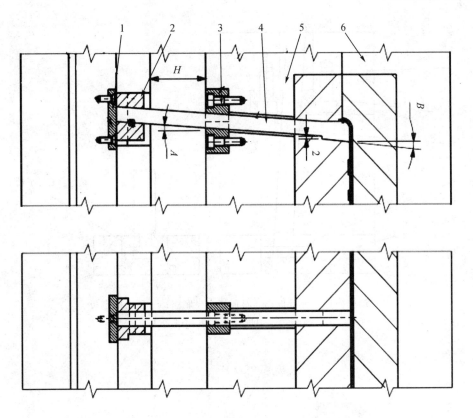

1—耐磨板;2—滑座;3—导滑板;4—斜顶杆;5—动模板;6—定模板

图 8-28 斜导杆抽芯机构(一)

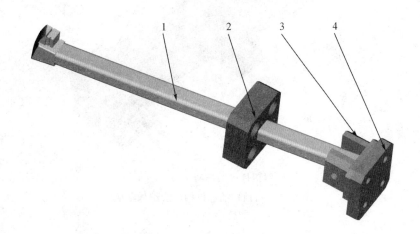

1—斜顶杆;2—导滑板;3—滑座;4—耐磨板

图 8-29 斜导杆抽芯机构(一)结构组成

平移范围内不能碰到凸起的塑件内部形状,以免斜顶的行程受到干涉,破坏制件的完整。

在有些斜顶杆抽芯机构中,为了简化结构,直接在斜顶杆底部加工出"工"字槽,与顶出固定板中的底座形成滑动配合,也可以进行斜顶抽芯运动,如图 8-30。详细结构见图 8-31。

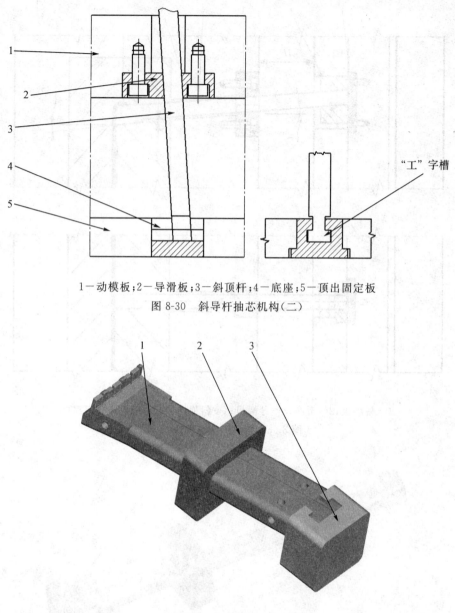

1—动模板；2—导滑板；3—斜顶杆；4—底座；5—顶出固定板

图 8-30　斜导杆抽芯机构（二）

1—斜顶杆；2—导滑板；3—底座

图 8-31　斜顶杆抽芯机构（二）结构组成

8.4.2　斜顶块导滑的斜顶抽芯机构

图 8-33 所示为斜顶块导滑的外侧分型与抽芯的结构形式。该塑件外侧有较浅的侧凹。斜顶块设计成双平行斜面的镶块。开模后，塑件包紧在动模板 2 上和斜顶块 3 一起向后移动，在直顶杆 4 的作用下，斜顶块 3 在相对向前运动的同时在动模板 2 的双平行斜面导滑槽内向外进行斜向顶出运动，在斜顶块 3 的限制下，塑件 1 在斜顶块侧向分型的同时从动模板 2 上脱出。图中斜顶块 3 与直顶杆 4 之间用"工"字槽进行滑动连接，合模时，斜顶块依靠直

顶杆进行初始复位,但最终的复位状态是依靠斜顶块 3 上的分型面与定模的分型面互相碰合进行的。

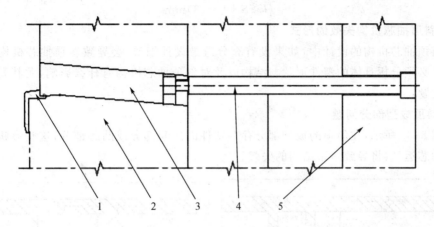

1—制件;2—动模板;3—斜顶块;4—直顶杆;5—顶出固定板

图 8-32　斜顶块抽芯机构

8.4.3　斜顶抽芯机构设计要点

一、斜顶抽芯机构行程、角度等相关计算

如图 8-33、8-34 所示,在设计斜顶抽芯机构时,必须要计算斜顶顶出行程 H 与斜顶角度 C。斜顶角度 C 不能太大,会削弱斜顶的强度,也不能太小,会增大顶出行程,因此必须结合塑件侧凹/侧凸深度来综合衡量斜顶角度 C 和斜顶出行程 H。下列是相关的计算公式和注意事项:

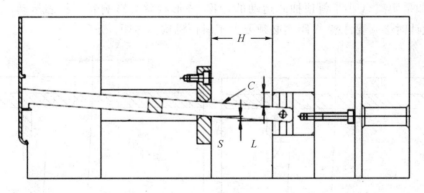

图 8-33　斜顶抽芯机构相关参数

$$\tan c = \frac{S}{H} \qquad\qquad (8\text{-}8)$$

式中　C——斜顶角度;

　　　S——斜顶抽芯距;

　　　H——顶出行程。

　　相关参数联系:

　　$S \geqslant$ 塑件侧凹/侧凸深度 $A + (2\sim3)$mm （8-9）

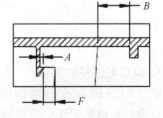

图 8-34　斜顶抽芯机构成型部分局部

$$斜顶块距离凸起形状的距离 \ B > S \qquad (8-10)$$

$$3° \leqslant C \leqslant 15° \qquad (8-11)$$

$$H \geqslant S + (2\sim3)\text{mm} \qquad (8-12)$$

二、斜顶抽芯机构失效的形式

在斜顶抽芯机构的设计中,如果没有充分考虑设计细节,会导致斜顶抽芯机构无法工作。因此必须分析具体的塑件形状与结构以及对斜顶抽芯机构有什么影响,尤其要注意以下几种问题:

1. 斜顶成型部分问题

如图 8-35 所示,在斜顶的成型部分存在塑件的凹起部分或凸起部分,这些形状会阻碍斜顶的抽芯运动,将导致斜顶结构的失效。

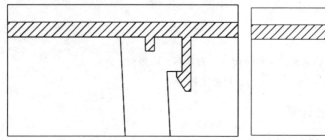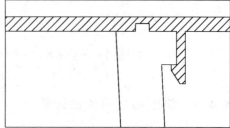

图 8-35　斜顶成型部分问题

2. 斜顶周围塑件形状的影响

如图 8-36 所示,如果在斜顶的周围存在着塑件凸或凹的形状,应该判断该形状距斜顶的距离,如果距离 A 小于斜顶抽芯运动的行程,该形状就会影响斜顶抽芯运动。因此在斜顶机构设计时必须要注意 A 距离必须要大于斜顶机构抽芯距。

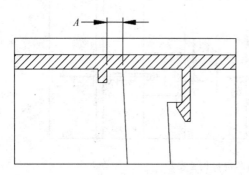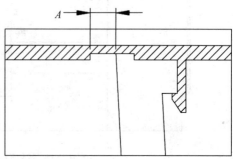

图 8-36　斜顶周围塑件形状的影响

3. 斜顶与顶杆的关系

如图 8-37 所示,斜顶与顶杆之间的距离 A 也必须要注意,不能小于斜顶抽芯距离,否则会导致斜顶抽芯运作中会与顶杆产生碰撞。

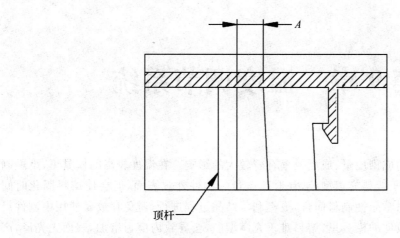

图 8-37　斜顶与顶杆的关系

第9章 温度调节系统

模具温度对制件的成型质量、成型效率有着较大的影响。在温度较高的模具里,熔融制料的流动性较好,有利于熔料充填型腔,获取高质量的制件外观表面,但会使熔料固化时间变长,顶出时易变形;对结晶性制料而言,更有利于结晶过程进行,避免存放及使用中制件尺寸发生变化。在温度较低的模具里,熔料难于充满型腔,会导致内应力增加,表面无光泽,产生银纹、熔接痕等缺陷。

不同的制件具有不同的加工工艺性,并且各种制件的表面要求和结构不同,为了在最有效的时间内生产出符合质量要求的制件,这就要求模具保持一定的温度,模温越稳定,生产出的制件在尺寸形状、制件外观质量等方面的要求就越一致。因此,除了模具制造方面的因素外,模具温度是控制制件质量高低的重要因素,模具设计时应充分考虑模具温度的控制方法。

9.1 模温控制的原则与方式

9.1.1 模温控制的原则

为了保证在有效的时间内生产出外观质量高、尺寸稳定、变形小的制件,设计时必须清楚了解模具温度控制的基本原则。

(1)不同材料要求有不同的模具温度。

对于黏度低、流动性好的塑料,例如聚乙烯、聚丙烯、聚苯乙烯、聚酰胺等,对模温要求不高;而对于黏度高、流动性差的塑料,例如聚碳酸酯、聚砜、聚甲醛、聚苯醚和氟塑料等,为了提高充模性能,就必须要求有较高的模温。

(2)不同表面质量、不同结构的模具要求不同的模具温度,这就要求在设计模温控制系统时具有针对性。

(3)定模的温度高于动模的温度,一般情况下温度差为 20～30℃。

定模的温度高于动模的温度,这样就使塑料制件更容易在模具冷却后包在动模型芯上,有利于顶出制件。

(4)当实际的模具温度不能达到要求模温时,应对模具进行升温。因此模具设计时,应充分考虑制料带入模具的热量能否满足模温要求。

对于流程长、壁厚较小的塑件,或者粘流温度或熔点虽然不高但成型面积很大的塑件,为了保证塑料熔体在充模过程中不至温度下降太大而影响充模,这时应设置加热装置对模具进行预热。

(5)模温应控制均衡,不能有局部过热、过冷。

模温均匀,就能保证塑件的各个部分能够均匀冷却,而这是保证塑件不会出现翘曲变形等缺陷的前提条件。

9.1.2　模具温度的控制方式

对模具进行加热或冷却,一般是通过调节传热介质的温度,增设隔热板、加热棒的方法来控制。传热介质一般采用水、油等,其通道常被称作冷却水道。

降低模温时,一般采用通过模温机对水进行冷却,并通入模具冷却水道来实现。

升高模温,一般采用在冷却水道中通入热水、热油(热水机加热)来实现。当模温要求较高时,为防止热传导对热量的损失,模具面板上应增加隔热板。

热流道模具中,流道板温度要求较高,须由加热棒加热,为避免流道板的热量传至前模,导致前模冷却困难,设计时应尽量减少其与前模的接触面。

9.1.3　常用塑料的注射温度与模具温度

表 9-1 为制件表面质量无特殊要求时常用的塑料注射温度、模具温度。

表 9-1　塑料常用注射温度及模具温度

塑料名称	ABS	AS	HIPS	PC	PE	PP
注射温度(℃)	210～230	210～230	200～210	280～310	200～210	200～210
模具温度(℃)	60～80	50～70	40～70	90～110	35～65	40～80
塑料名称	PVC	POM	PMMA	PA6	PS	TPU
注射温度(℃)	160～180	180～200	190～230	200～210	200～210	210～220
模具温度(℃)	30～40	80～100	40～60	40～80	40～70	50～70

9.2　冷却系统机构设计

冷却系统的设计应做到系统内流动的介质能充分吸收成型塑件所传导的热量,使模具成型表面的温度稳定地保持在所需的温度范围内,并且要做到使冷却介质在冷却系统内流动畅通。

9.2.1　模具冷却系统设计原则

设置冷却效果良好的冷却系统的模具是缩短成型周期、提高生产效率最有效的方法。如果不能实现均一的快速冷却,则会使塑件内部产生应力而导致产品变形或开裂,所以应根据塑件的形状、壁厚及塑料的品种,设计与制造出能实现均匀、高效的冷却系统。下面介绍冷却系统设计的原则:

1. 冷却水道的孔壁至型腔表面的距离

当塑件壁厚均匀时,冷却水道的孔壁至型腔表面的距离应尽可能相等,一般取 15～25mm,如图 9-1 所示,(a)的冷却效率显然要好于(b)。但当塑件壁厚不均匀时,厚处冷却水道道型腔表面的距离则应近一些,间距也可适当小些,如图 9-1 所示,(c)的冷却均匀性要好

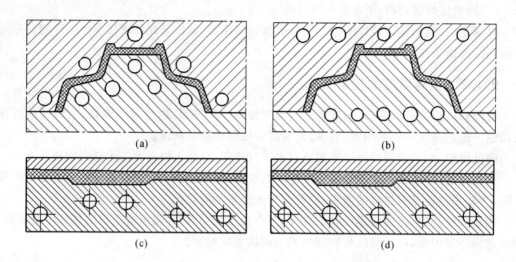

图 9-1　冷却水道与型腔等距及不等距排列

于(d)。

2. 冷却水道数量尽可能多,而且要便于加工

型腔表面的温度与冷却水道的数量、截面尺寸及冷却水的温度有关。图 9-2 所示是在冷却水道数量和尺寸不同的条件下通入不同温度(45℃ 和 59.83℃)的冷却水后,模具内的温度分布情况。

由图可知,采用 5 个较大的水道孔时,型腔表面温度比较均匀,出现 60～60.05℃ 的变化,如图 9-2(b)所示;而同一型腔采用 2 个较小的水道孔时,型腔表面温度出现 53.33～58.38℃ 的变化,如图 9-2(d)所示。由此可以看出,为了使型腔表面温度分布趋于均匀,防止塑件不均匀收缩和产生残余应力,在模具结构允许的情况下,应尽量多设冷却水道,并使用较大的截面面积。但考虑到冷却介质的流动状态,冷却水道的截面面积也不应过大,一般控制在 ϕ12mm 以内。

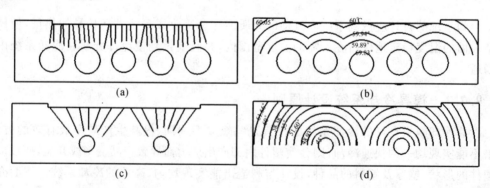

图 9-2　冷却水道布置与温度梯度分布

3. 所有成型零部件均要求通冷却水道

只要有塑料熔体流经的成型部件(包括大型滑块、大型斜顶块等),都应设置有冷却回路。尤其是热量聚集的部位,更应强化冷却,如厚壁处、浇口处等,这样才能使塑件的各个部分得到充分、均匀的冷却,以避免翘曲变形。

4. 降低入水口与出水口的温差

入水,出水温差会影响模具冷却的均匀性。因此水道出入口的布置应该注意冷却水道的出入口温差应尽量小。为了缩小出入口冷却水的温差,取得整个制品大致相同的冷却速度,需合理设置冷却水通道的排列形式,应根据型腔形状的不同进行水道的排布。如图 9-3(a)所示的形式会使入水与出水的温差大,如图 9-3(b)所示的形式相对较好。

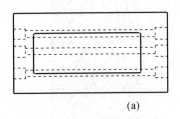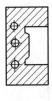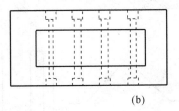

(a) (b)

图 9-3　冷却回路排布比较

5. 强化浇口处的冷却

成型时高温的塑料熔体由浇口充入型腔,浇口附近模温较高、料流末端温度较低。此时将冷却水入口设在浇口附近,就能使冷却水总体流向与型腔内熔体流向趋于相同,以达到冷却比较均匀的效果。如图 9-4 所示分布为侧浇口、直接浇口的冷却水道的出、入口方式。

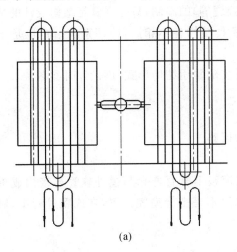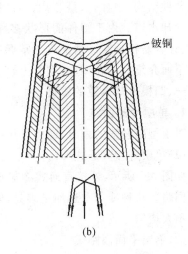

铍铜

(a) (b)

图 9-4　冷却水道出、入口的布置

6. 冷却水道布置要合理

冷却水通道应该尽可能按照型腔形状布置,塑件的形状不同,冷却水道位置也应有所不同,这样才可以使塑件得到充分、均匀的冷却。如图 9-5 所示,对于中等深度壳类塑件、凹模距型腔等距离钻孔、凸模钻斜孔得到和塑件形状类似的回路。

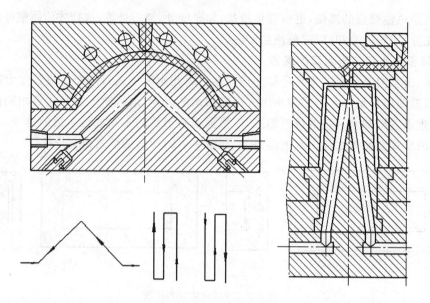

图 9-5　中等高度型芯的斜交叉冷却回路

9.2.2　模具冷却系统常见结构

如上所述,模具冷却系统要求根据塑件的形状、型腔内的温度分布等合理设计,但受模具上各种结构(顶杆孔、型芯孔、螺钉孔、镶拼接缝等)的限制,只能在满足结构设计的情况下开设冷却水道。由于塑件的形状多种多样,模具结构各不相同,冷却系统结构也是千变万化,设计者需根据实际情况灵活掌握。

下面介绍几种在型腔、型芯上设置冷却系统的常用结构形式,供设计时参考。

一、凹模冷却水道的设置

1. 单层冷却回路

对于型腔较浅的模具,通常采用单层冷却回路。

(1)单层外接直通式

如图 9-6 所示,外接直通式冷却水道是在模板上打直通孔与模外软管连接构成单回路或多回路。这种冷却水道加工容易,但冷却水道不是围绕型腔设置,在成型过程中,制品的散热不太均匀

(2)单层平面回路式

平面回路式冷却水道通常采用打相交直孔,镶入挡板、堵头等控制冷却水流向的方法构成模内回路。根据具体情况也可设计成单回路或多回路。这种水道排列对于模腔的散热略好于外接直通式。图 9-7(a)为单回路的冷却水道,图 9-7(b)为对称布置的双回路冷却水道。

(3)环槽式

环槽式冷却水道是在模板上打孔与加工在镶件或模板上的环形槽连接构成单回路或多回路。这种冷却水道正好围绕镶件分布,对于模腔的散热较好,并可以在模板上打孔将镶件或模板上的环形槽串联,构成用于镶入式多腔模的环槽式水路,如图 9-8 所示。

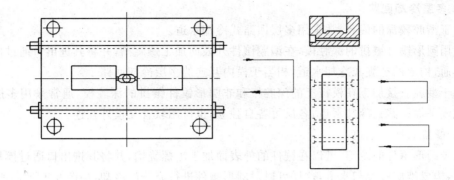

图 9-6　外接直通式冷却回路

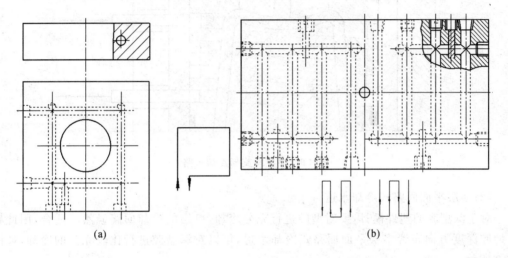

(a)　　　　　　　　　　　　　(b)

图 9-7　单层平面回路式冷却回路

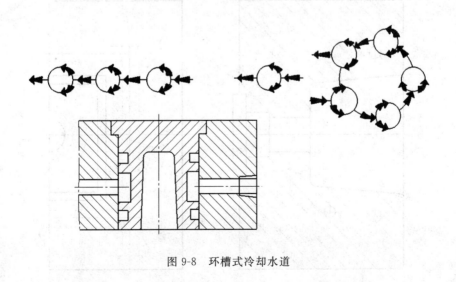

图 9-8　环槽式冷却水道

2. 多层冷却回路

对于型腔较深的模具,常采用多层回路式冷却水道。

采用圆形镶件镶拼的深腔模,在型腔镶件外表面加工螺旋槽,并将其进出口通过模板与模外连通,构成的螺旋式冷却水道,相当于模内互连的多层冷却回路。

对于型腔直接加工在模板上的深腔模和非圆形镶件镶拼的深腔模,通常采用多层外接直通式或平面回路式冷却水道,各层可各自独立,也可用软管在模外互连。

(1)螺旋式冷却水道

对于圆形镶件的冷却,可以在镶件的外表面加工出螺旋槽,并将其进出口通过模板与模外连通,构成螺旋式冷却水道,这样可以对圆形镶件进行充分的冷却,如图9-9所示。

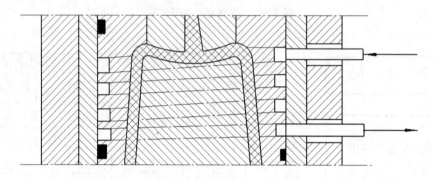

图 9-9　型腔螺旋形冷却水路

(2)多层平面回路式冷却水道

对于深型腔的塑件模,要对型腔进行充分冷却,单层的冷却回路显然不适合,因此在沿型腔深度方向布置多层平面回路式冷却水道,可以对深型腔进行比较充分的冷却,如图9-10所示。

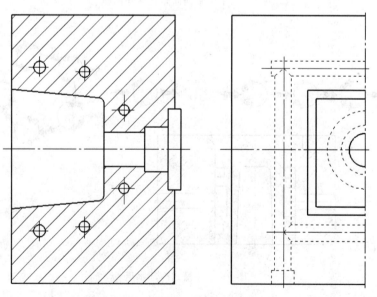

图 9-10　多层平面回路式冷却水道

二、凸模(型芯)冷却水道的设置

在塑件成型过程中,型芯总是被温度高、导热性差的塑料包围着,型芯的热量很难通过自然对流、辐射的方式散发。因此,型芯的散热问题比型腔更关键。也正是因为型芯被塑件包围,不便与模外连通,所以型芯中冷却水道的设置也更困难。通常,型芯中冷却水道的设置有下列几种方式。

1. 单层冷却回路

对于直接加工在模板上的低矮型芯,采用加工在模板上的外接直通式或平面回路式单层冷却回路,如图 9-6、图 9-7 所示。

2. 钻孔式型芯冷却水道

对于中等高度的较大型芯,可采用在型芯上钻斜孔的方法构成冷却回路,如图 9-5 所示。

3. 喷泉式型芯冷却水道

对于有些高度比较高的型芯,可以在型芯中间装一个喷水管,进水从管中喷出后再向四周冲刷型芯内壁,如图 9-11 所示。通过这种方式,低温的进水直接作用于型芯顶部(中心进浇的浇口处),冷却效果非常好。这种方式特别适合冷却细长的圆形型芯。

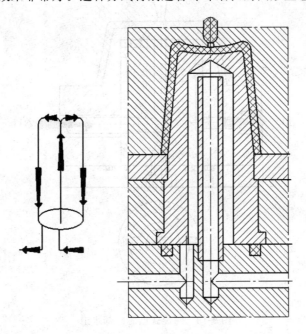

图 9-11　喷流式冷却回路

另外,喷泉式冷却水道不仅可用于单个小型芯,也可用于多个小型芯的串(并)联冷却。如图 9-12 所示为并联喷泉式型芯冷却水道。

4. 螺旋式型芯冷却水道

对于大直径圆柱型芯,可在型芯内开大圆孔,孔中压入中心有进水孔、外壁有螺旋槽的"芯柱"构成螺旋式型芯冷却水道。通过这种冷却水道,冷却水从中心孔引向芯柱顶端,沿螺旋槽流下进行热交换后从芯柱底部流出,可获得极佳的效果,如图 9-13 所示。

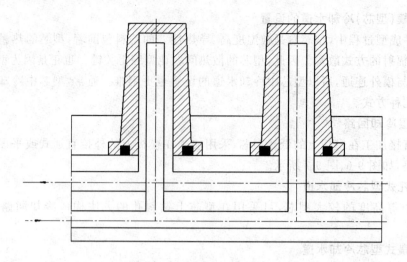

图 9-12　并联喷泉式型芯冷却水道

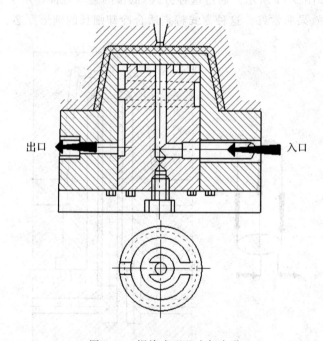

出口　　　　　　　　　　　入口

图 9-13　螺旋式型芯冷却水道

5．隔板式型芯冷却水道

对于大型深型腔塑件模具，要对凸模进行充分冷却，可以在型芯上沿型芯轴向打盲孔，孔与孔间铣连通槽，孔中镶入比孔深略短的隔板，就构成了隔板式型芯冷却水道，如图9-14所示。

通过这种冷却水道，水从隔板一边流入另一边流出，在经连通槽依次进入相邻的孔。这样就对型芯进行持续不断的充分冷却，冷却效果非常良好。

隔板式型芯冷却水道可用于单个细高型芯的冷却，也可用于多个细高型芯的串联冷却，以及各种异型型芯的周围或整体冷却。

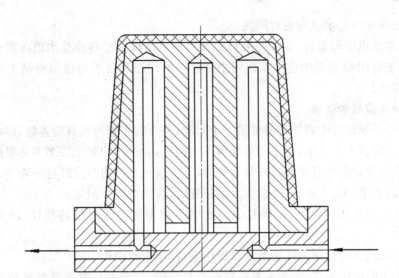

图 9-14　隔板式型芯冷却水道

6. 型芯传导冷却

对于特别细小无法开设冷却水道的型芯,可用铍铜合金等导热性良好的材料制造或镶入构成导热型芯,并使冷却水直接与导热型芯接触,这样就可以使热量经导热型芯传导并由冷却水带走,如图 9-15 所示。

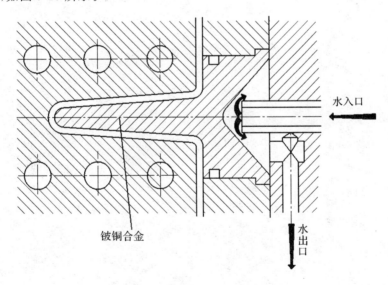

铍铜合金　　水入口　　水出口

图 9-15　细小型芯传导式冷却方式

9.2.3　冷却水道的密封及水嘴连接

一、冷却水道的密封

模具中的冷却水道经常要穿越不同模具零件的结合处,如模板与模板、模板与型芯(或型腔)镶件等。这些地方会因配合间隙的存在而产生冷却水泄漏现象。为避免泄漏现象的发生，必须处理好冷却水道的密封问题。

模具冷却水道中的密封，通常采用 O 型圈对模具结构中那些冷却水道将通过的结合处实行密封。密封用 O 型圈的选用及使用中需注意的问题和要求与通用机械中的密封设计相同，不再赘述。

二、水管与模具的连接

模具冷却系统设计中需要注意的另一个问题，是冷却水管与模具的连接，即水嘴的安装要求。这一问题看上去很小，但是如果处理不当的话，会给用户带来许多不必要的麻烦。

因此，模具设计者在开始设计冷却系统时，就应该充分考虑"连接"这一环节。在设置模具冷却水道的水嘴(出、入水口)在模具上的位置时，应注意以下问题：

(1)模具安装在注射机上后，模具上的水嘴不能正对着注射机的拉杆，以免安装水管困难。

(2)模具上的水嘴最好装在注射机非操作侧，以免影响操作。

(3)卧式注射机用模具，水嘴不要设置在模具顶端，以免在拆装水管时残留的冷却水流入型腔。

(4)对于自动成型的卧式注射机用模具，水嘴不要安装在模具底面，以免水管妨碍制品的脱落，影响自动成型。

(5)动、定模的水嘴不能相互靠得太近，以便于水管的安装固定。

第 10 章　压缩模设计

压缩成型具有悠久的历史,主要用于成型热固性塑料制件。热固性塑料原料由合成树脂、填料、固化剂、润滑剂、着色剂等按一定配比制成。可以呈粉状、粒状、片状、碎屑状、纤维状等各种形态供料。压缩成型的方法是:将塑料直接加入高温的型腔和加料室.然后以一定的速度将模具闭合,塑料在热和压力的作用下熔融流动,并且很快地充满整个型腔。树脂和固化剂作用发生交联反应,生成不熔不溶的体型网状结构的聚合物,塑料因而固化,成为具有一定形状的塑料制件,当制品完全定型并且具有最佳性能时,即开启模具取出制品。

压缩成型法还可用以成型热塑性塑料制品。将热塑性塑料加入模具型腔后,逐渐加热加压.使之转化成粘流态,充满整个型腔,然后降温,使制品伶却固化定型后再取出。压缩模在成型时需要交替地加热与冷却,故生产周期长、效率低。但是由干制品内应力小,因此可用来生产平整度高和光学性能好的大型制品、如透明板材等。一些流动很差的热塑性塑料如聚酰亚胺也采用压缩成型。

10.1　压缩模结构组成

压缩模的典型结构如图 10-1 所示。模具的上模和下模分别安装在压力机的上、下工作台上,上、下模通过导柱、导套导向定位。上工作台下降,使上凸模 5 进入下模加料室 4 与装入的塑料接触并对其加热。当塑料成为熔融状态后,上工作台继续下降,熔料在受热受压的作用下充满型腔并发生固化交联反应。塑件固化成型后,上工作台上升,模具分型,同时压力机下面的辅助液压缸开始工作,推出机构的推杆将塑件从下凸模 7 上脱出。压缩模按各零部件的功能作用可分为以下几大部分。

(1)成型零件是直接成型塑件的零件,也就是形成模具型腔的零件,加料时与加料室一道起装料的作用。图 10-1 中模具的成型零件由上凸模 5、凹模 4、型芯 6、下凸模 7 等构成。

(2)加料室压缩模的加料室是指凹模上方的空腔部分,如图 10-1 中凹模 4 的上部截面尺寸扩大的部分。由于塑料与塑件相比具有较大的比容,塑件成型前单靠型腔往往无法容纳全部原料,因此一般需要在型腔之上设有一段加料室。

(3)导向机构图 10-1 中,由布置在模具上模周边的四根导柱 8 和下模导套 10 组成导向机构,它的作用是保证上模和下模两大部分或模具内部其他零部件之间准确对合定位。为保证推出机构上下运动平稳,该模具在下模座板 18 上设有两根推板导柱,在推板上还设有推板导套。

(4)侧向分型与抽芯机构当压缩塑件带有侧孔或侧向凹凸时,模具必须设有各种侧向分型与抽芯机构,塑件方能脱出。图 10-1 中的塑件有一侧孔,在推出塑件前用手动丝杆。

(5)脱模机构压缩模中一般都需要设置脱模机构(推出机构),其作用是把塑件脱出模

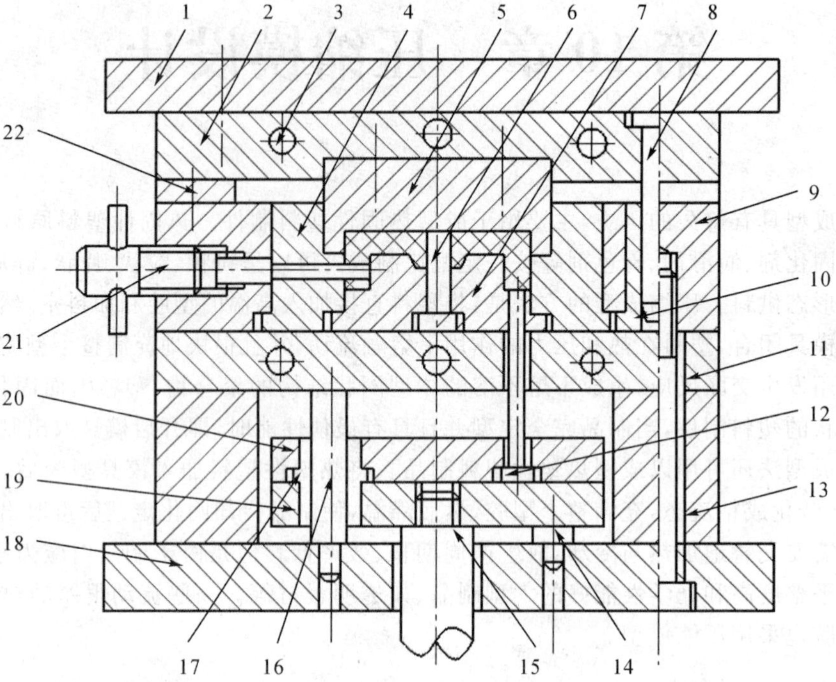

1—上模底板;2—上模板;3-加热孔;4—加料室(凹模);5—上凸模;6—型芯;7—下凸模;8—导柱;
9—下模板;10—导套;11—支承板(加热板);12—推杆;13—垫块;14—支承柱;15—推出机构连接杆;
16—推板导柱;17—推杆导套;18—下模座板;19—推板;20—推杆固定板,21—侧型芯;22—承压块
图 10-1　典型压缩模结构

腔。图 10-1 中的脱模机构由推板 19、推杆固定板 20、推杆 12 等零件组成。

(6)加热系统在压缩热固性塑料时,模具温度必须高于塑料的交联温度,因此模具必须加热。常见的加热方式有电加热、蒸汽加热、煤气或天然气加热等,但以电加热最为普遍。图 10-1 中上模板 2 和支承板 11 中设计有加热孔 3,加热孔中插入加热组件(如电热棒)分别对上凸模、下凸模和凹模进行加热。

(7)支承零部件压缩模中的各种固定板、支承板(加热板等)以及上、下模座等均称为支承零部件,如图 10-1 中的零件上模底板 1、支承板 11、垫块 13、下模座板 18、承压块 22 等。它们的作用是固定和支承模具中各种零部件,并且将压力机的压力传递给成型零部件和成型物料。

10.2　压缩模零部件设计

设计压缩模时,首先应确定加料室的总体结构、凸凹模之间的配合形式以及成型零部件的结构,然后再根据塑件尺寸确定型腔成型尺寸,根据塑件重量和塑料品种确定加料室尺寸。有些内容,如型腔成型尺寸计算、型腔底板厚度及壁厚尺寸计算、凸模的结构等,在前面注射模设计的有关章节已讲述过,这些内容同样也适用于热固性塑料压缩模的设计,因此现仅介绍压缩模的一些特殊设计。

10.2.1　塑件加压方向的选择

加压方向是指凸模作用方向。加压方向对塑件的质量、模具结构和脱模的难易程度都有重要影响,因此在决定施压方向时应考虑下述因素:

(1)便于加料

图 10-2 所示为塑件的两种加压方法,图 10-2(a)中加料室较窄,不利于加料;图 10-2(b)中加料室大而浅,便于加料。

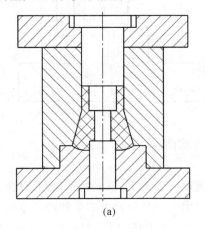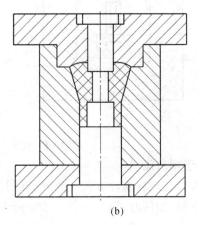

(a)　　　　　　　　　　　　　　(b)

图 10-2　便于加料的加压方法

(2)有利于压力传递

塑件在模具内的加压方向应使压力传递距离尽量短,以减少压力损失,并使塑件组织均匀。圆筒形塑件一般情况下应顺着其轴向施压,但对于轴线长的杆类、管类等塑件,可改垂直方向加压为水平方向加压。

如图 10-3(a)所示的圆筒形塑件,由于塑件过长,若从上端加压,压力损失大,则塑件底部压力小,会使底部产生疏松现象;若采用上、下凸模同时加压,则塑料中部会出现疏松现

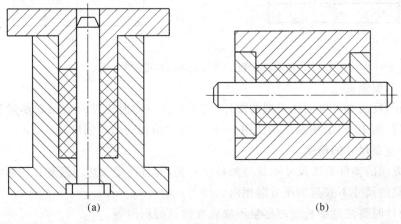

(a)　　　　　　　　　　　　　　(b)

图 10-3　有利于压力传递的加压方向

象。为此,可将塑件横放,采用图 10-3(b)所示的横向加压形式,这种形式有利于压力传递,可克服上述缺陷,但在塑件外圆上将产生两条飞边而影响外观质量。

(3)便于安放和固定嵌件

当塑件上有嵌件时,应优先考虑将嵌件安放在下模。若将嵌件安放在上模,如图 10-4(a)所示,既费事又可能使嵌件不慎落下压坏模具;若将嵌件安放在下模,如图 10-4(b)所示,不但操作方便,而且还可利用嵌件推出塑件而不留下推出痕迹。

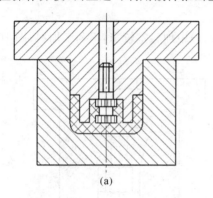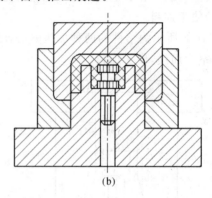

(a)　　　　　　　　　　　　　　(b)

图 10-4　便于安放钳件的加压方向

(4)便于塑料流动

加压方向与塑料流动方向一致时,有利于塑料流动。如图 10-5(a)所示,型腔设在上模,凸模位于下模,加压时,塑料逆着加压方向流动,同时由于在分型面上需要切断产生的飞边,故需要增大压力;而图 10-5(b)中,型腔设在下模,凸模位于上模,加压方向与塑料流动方向一致.有利于塑料充满整个型腔。

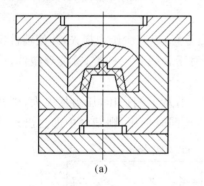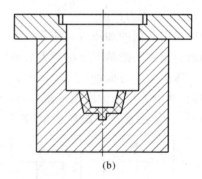

(a)　　　　　　　　　　　　　　(b)

图 10-5　便于塑料流动的加压方向

(5)保证凸模强度

对于从正、反面都可以加压成型的塑件,选择加压方向时应使凸模形状尽量简单,保证凸模强度,因此图 10-6(b)所示结构比图 10-6(a)所示结构的凸模强度高。

(6)保证重要尺寸的精度

沿加压方向的塑件高度尺寸不仅与加料量有关,而且还受飞边厚度变化的影响,故对塑件精度要求高的尺寸不宜与加压方向相同。

此外,设计时要注意细长型芯尽量不放置在模具的侧向等。

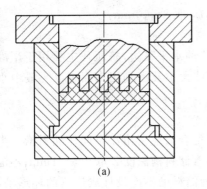 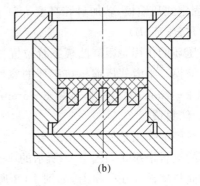

图 10-6　有利于保证凸模强度的加压方向

10.2.2　凹凸模各组成部分及其作用

以半溢式压缩模为例,凹凸模一般有引导环、配合环、挤压环、储料槽、排气溢料槽、承压面、加料室等部分组成,如图 10-7 所示。

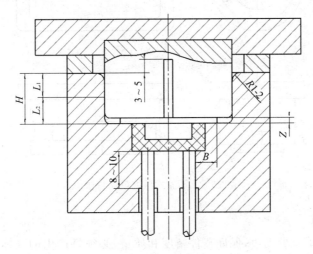

图 10-7　压缩模凸凹模各组成部分

（1）引导环（L_1）

引导环是引导凸模进入加料室的部分,除加料室极浅(高度小于 10mm)的凹模外,一般在加料腔上部设有一段长度为 L_1 的引导环。引导环是一段斜度为 α 的锥面,并设有圆角 R,其作用是使凸模顺利进入凹模,减少凸凹模之间的摩擦,避免在推出塑件时擦伤表面,增加模具使用寿命,减少开模阻力,并可以进行排气。移动式压缩模 α 取 $20'\sim1°30'$,固定式压缩模 α 取 $20'\sim1°$。圆角 R 通常取 $1\sim2$mm,引导环长度 L_1,取 $5\sim10$mm,当加料腔高度 $H\geqslant30$mm 时,L_1 取 $10\sim20$mm。

（2）配合环（L_2）

配合环是凸模与加料腔的配合部分,它的作用是保证凸模与凹模定位准确,阻止塑料溢出,通畅地排除气体。凹凸模的配合间隙以不发生溢料和双方侧壁互不擦伤为原则。配合环长度 L_2 应根据凹凸模的间隙而定,间隙小则长度取短些。一般移动式压缩模 L_2 取 $4\sim$

6mm,固定式压缩模,若加料腔高度 $H \geqslant 30$mm 时,L_2 取 8~10mm。

(3)挤压环(B)

挤压环的作用是限制凸模下行位置并保证最薄的水平飞边,挤压环主要用于半溢式和溢式压缩模。半溢式压缩模挤压环的宽度 B 按塑件大小及模具用钢而定。一般中小型模具 B 取 2~4mm,大型模具 B 取 3~5mm。

(4)储料槽

储料槽的作用是储存排出的余料,因此凹凸模配合后应留出小空间作储料槽。半溢式压缩模的储料槽形式如图10-7所示的小空间 Z,通常储料槽深度 Z 取 0.5~1mm;不溢式压缩模的储料槽设计在凸模上,如图10-8所示。这种储料槽不能设计成连续的环形槽,否则余料会牢固地包在凸模上难以清理。

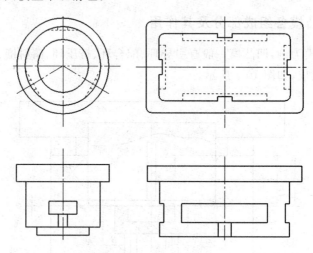

图 10-8　不溢式压缩模储料槽

(5)排气溢料槽

压缩成型时为了减少飞边,保证塑件精度和质量,必须将产生的气体和余料排出,一般可在成型过程中进行卸压排气操作或利用凹凸模配合间隙来排气,但压缩形状复杂塑件及流动性较差的纤维填料的塑料时应设排气溢料槽,成型压力大的深型腔塑件也应开设排气溢料槽。图10-9所示为半溢式压缩模排气溢料槽的形式,凸模上开设几条深度为 0.2~0.3mm 的凹槽。排气溢料槽应开到凸模的上端,使合模后高出加料腔上平面,以便余料排出模外。

(6)承压面

承压面的作用是减轻挤压环的载荷,延长模具的使用寿命。图10-10是承压面结构的几种形式。图10-10(a)是用挤压环作承压面,模具容易损坏,但飞边较薄;图10-10(b)是由凸模台肩与凹模上端而作承压面,凸凹模之间留有 0.03~0.05mm 的间隙,可防止挤压边变形损坏,延长模具寿命,但飞边较厚,主要用于移动式压缩模;图10-10(c)是用承压块作挤压面,挤压边不易损坏,通过调节承压块的厚度来控制凸模进入凹模的深度或控制凸模与挤压边缘的间隙,减少飞边厚度,主要用于固定式压缩模。

根据模具加料室形状的不同,承压块的形式有长条形、圆形等。承压块厚度一般为 8~

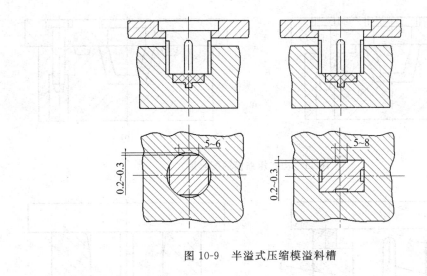

图 10-9　半溢式压缩模溢料槽

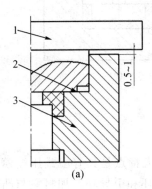(a)　　　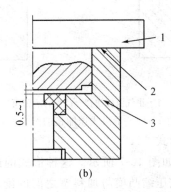(b)　　　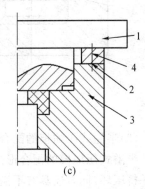(c)

1—凸模;2—承压面;3—凹模;4—承压块

图 10-10　压缩模承压面的结构形式

10mm,承压块材料可用 T7、T8 或 45 钢,硬度为 35~40HRC。

10.2.3　凹凸模配合形式

(1)溢式压缩模的配合形式

溢式压缩模的配合形式如图 10-11 所示,它没有加料室,仅利用凹模型腔装料,凸模和凹模没有引导环和配合环,而是依靠导柱和导套进行定位和导向,凹凸模接触面既是分型面又是承压面。为了使飞边变薄,凹凸模接触面积不宜太大,一般设计成单边宽度为 3~5mm的挤压面,如图 10-11(a)所示;为了提高承压面积,在溢料面(挤压面)外开设溢料槽,在溢料槽外再增设承压面,如图 10-11(b)所示。

(2)不溢式压缩模的配合形式

不溢式压缩模的配合形式如图 10-12 所示,其加料室为凹模型腔的向上延续部分,二者截面尺寸相同,没有挤压环,但有引导环、配合环和排气溢料槽,其中配合环的配合精度为H8/f7 或单边 0.025~0.075mm。图 10-12(a)为加料室较浅、无引导环的结构;图 10-12(b)为有引导环的结构。为顺利排气,两者均设有排气溢料槽。

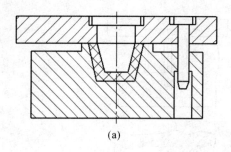 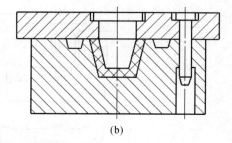

(a)　　　　　　　　　　　　　　　(b)

图 10-11　溢式压缩模的配合形式

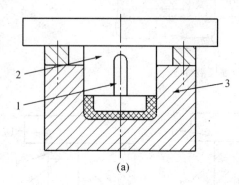 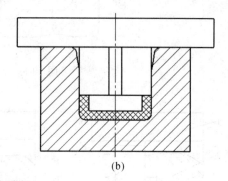

(a)　　　　　　　　　　　　　　　(b)

1—排气溢料槽;2—凸模;3—凹模

图 10-12　不溢式压缩模的配合形式

（3）半溢式压缩模的配合形式

半溢式压缩模的配合形式如图 10-7 所示。这种形式的最大特点是具有溢式压缩模的水平挤压环,同时还具有不溢式压缩凸模与加料室之间的配合环和引导环。加料室与凸模的配合精度与不溢式压缩模相同,即为 H8/f7 或单边 0.025~0.075mm。

10.2.4　加料室尺寸计算

溢式压缩模无加料室,不溢式、半溢式压缩模在型腔以上有一段加料室。

（1）塑件体积计算

简单几何形状的塑件,可以用一般几何算法计算,复杂的几何形状,可分为若干个规则的几何形状分别计算,然后求其总和。若已知塑件重量,则可根据塑件重量和塑件密度求出塑件体积。

（2）塑件所需原材料的体积

计算塑件所需原材料的体积计算公式如下:

$$V_{sl} = (1 + K)kV_S \tag{10-1}$$

式中　V_{sl}——塑件所需原材料的体积;

K——飞边溢料的重量系数,根据塑件分型面大小选取,通常取塑件净重量 5%~10%;

k——塑料的压缩比,见表 10-1;

V_S——塑件的体积。

表 10-1　常用热固性塑料的密度和压缩比

塑料名称	密度(g/cm³)	压缩比 k
酚醛塑料(粉状)	1.35~1.95	1.5~2.7
氨基塑料(粉状)	1.50~2.10	2.2~3.0
碎布塑料(片状)	1.36~2.00	5.0~10.0

若已知塑件质量求塑件所需原材料体积,则可用下式计算:

$$V_{sl} = (1+K)km/\rho_{sl} \qquad (10\text{-}2)$$

式中　m——塑件质量;

　　　ρ_{sl}——塑料原材料的密度(见表 10-1)。

(3)加料室的截面积计算

加料室截面尺寸可根据模具类型而定。不溢式压缩模的加料室截面尺寸与型腔截面尺寸相等;半溢式压缩模的加料室由于有挤压面,所以加料室截面尺寸等于型腔截面尺寸加上挤压面的尺寸,挤压面单边宽度一般为 3~5mm。根据截面尺寸可以方便地计算出加料室截面积。

(4)加料室高度的计算

在进行加料室高度的计算之前,应确定加料室高度的起始点。一般情况,不溢式压缩模的加料室高度以塑件的下底面开始计算,而半溢式压缩模的加料室高度以挤压边开始计算。无论是不溢式压缩模还是半溢式压缩模,其加料室高度 H 都可用下式计算:

$$H = \frac{V_{sl} - V_j + V_x}{A} + (5\sim10)\text{mm} \qquad (10\text{-}3)$$

式中　H——加料室高度,mm;

　　　V_{sl}——塑料原料体积,mm³;

　　　V_j——加料室高度底部以下型腔的体积,mm³;

　　　V_x——下型芯占有加料室的体积,mm³;

　　　A——加料室的截面积,mm²。

加料室的类型和塑件的形状不同,加料室的计算方法也不同。图 10-13(a)所示的不溢式压缩模加料室的高度为 $H = (V_{sl} + V_x)/A + (5\sim10)\text{mm}$;图 10-13(b)所示的不溢式压缩模加料室的高度为 $H = (V_{sl} - V_j)/A + (5\sim10)\text{mm}$;图 10-13(c)所示为高度较大的薄壁塑件压缩模,由于按公式计算的话,其加料室高度小于塑件的高度,所以在这种情况下,加料室高度只需在塑件高度基础上再增加 10~20mm。

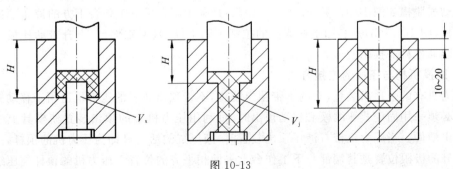

图 10-13

10.3　压缩模脱模机构设计

压缩模推出脱模机构与注射模相似,常见的有推杆脱模机构、推管脱模机构、推件板脱模机构等。

10.3.1　固定式压缩模的脱模机构

1. 脱模结构分类

脱模机构按动力来源可分为气动式、机动式两种。

(1)气动式脱模

气动式脱模如图 10-14 所示,利用压缩空气直接将塑件吹出模具。当采用溢式压缩模或少数半溢式压缩模时,如果塑件对型腔的黏附力不大,则可采用气吹脱模。气吹脱模适用于薄壁壳形塑件。当薄壁壳形塑件对凸模包紧力很小或凸模斜度较大时,开模后塑件会留在凹模中,这时压缩空气吹入塑件与模壁之间因收缩而产生的间隙里,将使塑件升起,如图 10-14(a)所示。图 10-14(b)为一矩形塑件,其中心有一孔,脱模时压缩空气吹破孔内的溢边,便会钻入塑件与模壁之间.使塑件脱出。

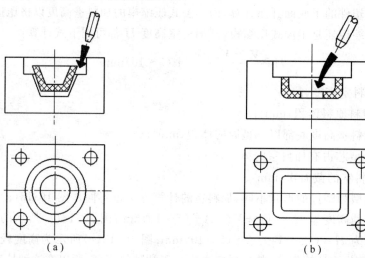

| (a) | (b) |

图 10-14　气吹脱模

(2)机动式脱模

机动式脱模如图 10-15 所示。图 10-15(a)是利用压力机下工作台下方的液压顶出装置推出脱模,图 10-15(b)是利用上横梁中的拉杆 1 随上横梁(上工作台)上升带动托板 4 向上移动而驱动推杆 6 推出脱模。

2. 脱模机构与压机的连接方式

压力机有的带顶出装置,有的不带顶出装置,不带顶出装置的压力机适用于移动式压缩模。当必须采用固定式压缩模和机动顶出时,可利用压力机上的顶出装置使模具上的推出机构推出塑件。当压力机带有液压顶出装置时,液压缸的活塞杆即为压力机的顶杆,一般活塞杆上升的极限位置是其端部与下工作台上表面相平齐的位置。压力机的顶杆与压缩模脱模机构的连接方式有两种。

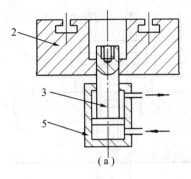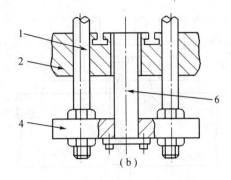

1—拉杆；2—压力机下工作台；3—活塞杆 4—托板；5—液压缸；6—推杆

图 10-15　压力机推顶装置

（1）间接连接

当压力机顶杆端部上升的极限位置只能与工作台面平齐时，必须在顶杆端部旋入一适当长度的尾轴，尾轴的另一端与压缩模脱模机构无固定连接，如图 10-16(a)所示；尾轴也可以反过来利用螺纹与模具推板连接，如图 10-16(b)所示。这两种形式都要设计复位杆等复位机构。

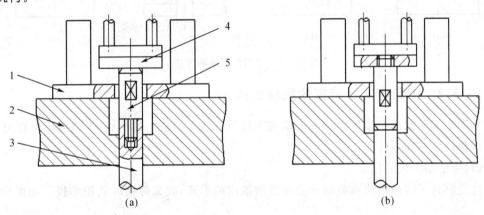

1—下模座板；2—压力机下工作台；3—压力机顶杆；4—尾轴；5—推板

图 10-16　与压力机顶杆不相连接的推出机构

（2）直接连接

直接连接如图 10-17 所示，压力机的顶出机构与压缩模脱模机构通过尾轴固定连接在一起。这种方式在压力机顶出液压缸回程过程中能带动脱模机构复位，故不必再另设复位机构。

机动脱模一般应尽量让塑件在分型后留在压力机上有顶出装置的模具一边，然后采用推出机构将塑件从模具中推出。为了保证塑件准确地留在模具一边，在满足使用要求的前提下可适当地改变塑件的结构特征，如图 10-18 所示。

为使塑件留在凹模内，图 10-18(a)所示的薄壁件可增加凸模的脱模斜度，减少凹模的脱模斜度；有时将凹模制成轻微的反斜度($3'\sim5'$)，如图 10-18(b)所示；图 10-18(c)是在凹模型腔内开设 0.1～0.2mm 的侧凹槽，使塑件留在阴模，开模后塑件从凹模内被强制推出；为了使塑件留在凸模上，可采取与上述相反的方法，图 10-18(d)所示是在凸模上开出环形浅凹槽，开模后塑件留在凸模上由上推杆强制脱出。

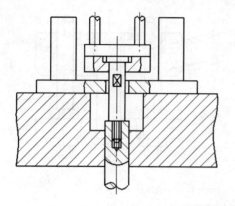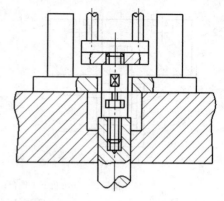

图 10-17　与压力机顶杆相连接的推出机构

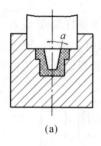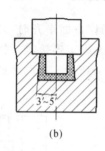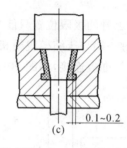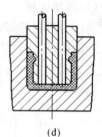

(a)　　　　　　　　(b)　　　　　　　(c)　　　　　　　　(d)

图 10-18　使塑件留模的方法

10.3.2　半固定式压缩模的脱模机构

半固定式压缩模是指压缩模的上模或下模可以从压力机上移出,在上模或下模移出后,再进行塑件脱模和嵌件安装。

(1)带活动上模的压缩模

这类模具可将凸模或模板制成沿导滑槽抽出的形式,故又称抽屉式压缩模。如图10-19

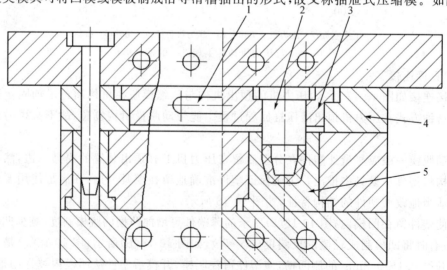

1—手把;2—上凸模;3—活动上模;4—导滑板;5—凹模
图 10-19　上模活动的压缩模

所示,开模后塑件留在活动上模 3 上,用手把 1 沿导滑板 4 把活动上模拉出模外取出塑件,然后再把活动上模送回模内。

(2)带活动下模的压缩模

这类模具上模是固定的,下模可移出,图 10-20 所示为一典型的模外脱模机构。该脱模机构工作台 3 与压力机工作台等高,工作台支承在四根立柱 8 上。在脱模工作台 3 上装有宽度可调节的导滑槽 2,以适应不同模具宽度。在脱模工作台正中装有推出板 4、推杆和推杆导向板 10,椎杆与模具上的推出孔相对应,当更换模具时则应调换这几个零件。工作台下方设有液压推出缸 9,在液压缸活塞杆上段有调节推出高度的丝杠 6,为了使脱模机构上下运动平稳而设有滑动板 5,该板上的导套在导柱 7 上滑动。为了将模具固定在正确的位置上,设有定位板 1 和可调节的定位螺钉。开模后将活动下模的凸肩滑入导滑槽 2 内,并推入压力机的固定槽中进行压缩。当下模重量较大时,可以在工作台沿模具拖动路径设滚柱或滚珠,使下模拖运轻便。

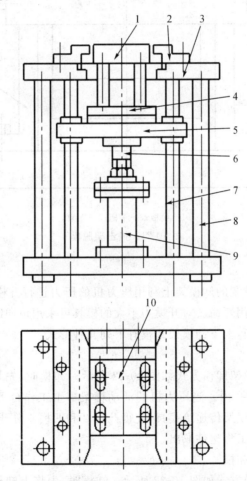

1—定位板;2—导滑槽;3—工作台;4—推出板;5—滑动板;6—丝杠;
7—导柱;8—立柱;9—液压推出缸;10—推杆导向板
图 10-20 模外液压推顶脱模机构

10.3.3 移动式压缩模的脱模机构

移动式压缩模脱模方式分为撞击架脱模和卸模架脱模两种形式。

1. 撞击架脱模

撞击架脱模如图 10-21 所示。压缩成型后,将模具移至压力机外,在特定的支架上撞击,使上下模分开,然后用手工或简易工具取出塑件。撞击架脱模的特点是模具结构简单,成本低,可几副模具轮流操作,提高生产率。该方法的缺点是劳动强度大,振动大,而且由于不断撞击,易使模具过早地变形磨损,因此只适用于成型小型塑件。撞击架脱模的支架形式有固定式支架和可调节式支架两种,图 10-21 是固定式支架。

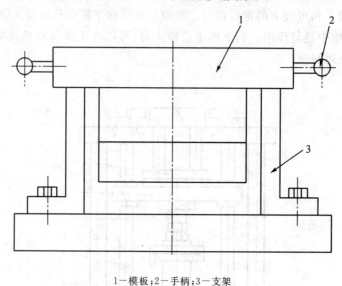

1—模板;2—手柄;3—支架
图 10-21 撞击架脱模

2. 卸模架卸模

移动式压缩模可在特制的卸模架上利用压力机的压力进行开模和卸模,这种方法可减轻劳动强度,提高模具使用寿命。对开模力不大的模具可采用单向卸模,对于开模力大的模具要采用上下卸模架卸模,上下卸模架卸模有下列几种形式:

(1)单分型面卸模

架卸模单分型面卸模架卸模方式如图 10-22 所示。卸模时,先将上卸模架 1、下卸模架 6 的推杆插入模具相应的孔内。当压力机的活动横梁即上工作台下降压到上卸模架时,压力机的压力通过上、下卸模架传递给模具,使得凸模 2 和凹模 4 分开,同时,下卸模架推动推杆 3 推出塑件,最后由人工将塑件取出。

(2)双分型面卸模架卸模

双分型面卸模架卸模方式如图 10-23 所示。卸模时,先将上卸模架 1、下卸模架 5 的推杆插入模具的相应孔中。压力机的活动横梁压到上卸模架时,上下卸模架上的长推杆使上凸模 2、下凸模 4 和凹模 3 分开。分模后,凹模 3 留在上、下卸模架的短推杆之间,最后从凹模中取出塑件。

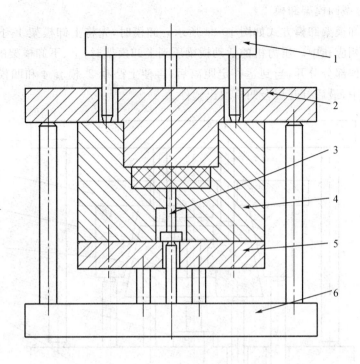

1—上卸模架;2—凸模;3—推杆;4—凹模;5—下模座板;6—下卸模架

图 10-22　单分型面卸模架卸模

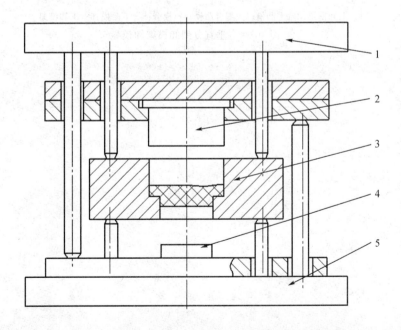

1—上卸模架;2—上凸模;3—凹模;4—下凸模;5—下卸模架

图 10-23　双分型面卸模架卸模

(3)垂直分型卸模架卸模

垂直分型卸模架卸模方式如图 10-24 所示。卸模时,先将上卸模架 1、下卸模架 6 的推杆插入模具的相应孔中。压力机的活动横梁压到上卸模架时,上、下卸模架的长推杆首先使下凸模 5 和其他部分分开,当到达一定距离后,再使上凸模 2、模套 4 和凹模 3 分开。塑件留在瓣合凹模中,最后打开瓣合凹模取出塑件。

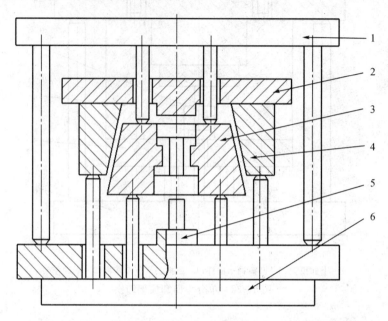

1—上卸模架;2—上凸模;3—瓣合凸模;4—模套;5—下凸模;6—下卸模架

图 10-24　垂直分型卸模架卸模

第11章　压注模设计

　　压注模通常用于热固性塑料的压注成型。压注成型工艺类似于注射成型工艺,但又有区别,压注成型时塑料在模具的加料腔内受热和塑化;而注射成型时塑料在注射机的料筒内受热和塑化。压注成型与压缩成型也有区别,压注成型在加料前模具便闭合,然后将热固性塑料(最好是预压锭和预热的原料)加入模具单独的加料腔内,使其受热熔融,随即在压力作用下通过模具的浇注系统,高速挤入型腔。塑料在型腔内继续受热受压而固化成型,然后打开模具取出塑料制品。压注模又称传递模或挤塑模。

　　压注模的温度一般为130~190℃,熔融塑料在10~30s内迅速充满型腔。压注成型时单位压力较高,酚醛塑料为49~78MPa,纤维填料的塑料为78~117MPa。压注成型时塑料制品的收缩率比压缩时大,一般酚醛塑料压缩时收缩率为0.8%;而压注成型时则为0.9%~1%,并且压注成型时塑料制品收缩的方向性也较明显。

　　压注模的优点是,分型面处的毛边薄,易于清除,成型周期短,制品的尺寸精度高,因塑料在通过浇注系统时会产生摩擦热,压注时所用的模具温度可比压缩成型时模具的温度低15~30℃,压注成型适用于成型壁薄、高度大而嵌件多的复杂塑料制品。压注模的缺点是,压注后总会有一部分余料留在加料腔内,原料消耗大,压注成型的压力比压缩成型的压力大,压注成型压力约为70~200MPa,而压缩成型压力仅为15~35MPa,压注模的结构也比压缩模的复杂,制造成本较高。

11.1　压注模结构组成及种类

11.1.1　压注模结构组成

　　压注模的结构组成如图11-1所示,主要由以下几个组成部分组成:

　　(1)成型零部件是直接与塑件接触的那部分零件,如凹模、凸模、型芯等。

　　(2)加料装置由加料室和压柱组成,移动式压注模的加料室和模具是可分离的,固定式加料室与模具在一起。

　　(3)浇注系统与注射模相似.主要由主流道、分流道、浇口组成。

　　(4)导向机构由导柱、导套组成,对上下模起定位、导向作用。

　　(5)推出机构注射模中采用的推杆、推管、推件板及各种推出结构,在压注模中也同样适用。

　　(6)加热系统压注模的加热元件主要是电热棒、屯热圈,加料室、上模、下模均需要加热。移动式压注模主要靠压力机的上下工作台的加热板进行加热。

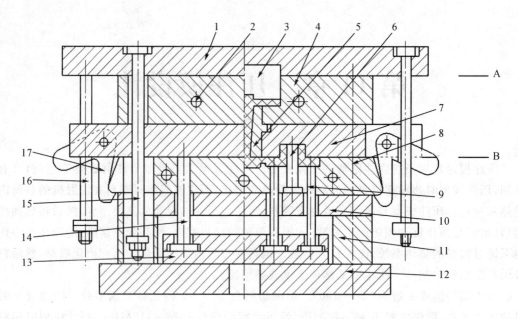

1—上模座板;2—加热器安装孔;3—压柱;4—加料室;5—浇口套;6—型芯;7—上模板;
8—下模板;9—推杆;10—支承板;11—垫块;12—下模座板;13—推板;14—复位杆;
15—定距导柱;16—拉杆;17—拉钩

图 11-1　压注模结构

　　(7)侧向分型与抽芯机构如果塑件中有侧向凸凹形状,必须采用侧向分型与抽芯机构,具体的设计方法与注射模的结构类似。

11.1.2　压注模种类

1. 按固定形式分类

　　压注模按照模具在压力机上的固定形式分类,可分为固定式压注模和移动式压注模。

　　(1)固定式压注模

　　图 11-1 所示是固定式压注模,工作时,上模部分和下模部分分别固定在压力机的上工作台和下工作台,分型和脱模随着压力机液压缸的动作自动进行。加料室在模具的内部,与模具不能分离,在普通的压力机上就可以成型。

　　塑化后合模,压力机上工作台带动上模座板使压柱 3 下移,将熔料通过浇注系统压入型腔后硬化定型。开模时,压柱随上模座板向上移动,A 分型面分型,加料室敞开,压柱把浇注系统的凝料从浇口套中拉出,当上模座板上升到一定高度时,拉杆 16 上的螺母迫使拉钩17 转动,使其与下模部分脱开,接着定距导柱 15 起作用,使 B 分型面分型,最后压力机下部的液压顶出缸开始工作,顶动推出机构将塑件推出模外,然后再将塑料加入到加料室内进行下一次的压注成型。

　　(2)移动式压注模

　　移动式压注模结构如图 11-2 所示,加料室与模具本体可分离。工作时,模具闭合后放上加料室 2,将塑料加入到加料室后把压柱放入其中,然后把模具推入压力机的工作台加热,接着利用压力机的压力,将塑化好的物料通过浇注系统高速挤入型腔,硬化定型后,取下

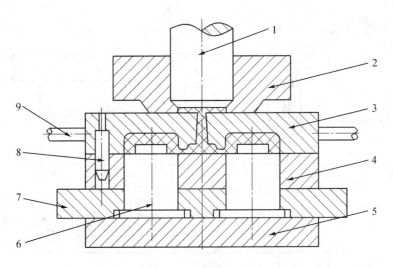

1—压柱;2—加料腔;3-凹模板;4—下模板;5—下模座板;6—凸模;
7凸模固定板;8—导柱;9—手把

图 11-2　移动式压注模结构

加料室和压柱,用手工或专用工具(卸模架)将塑件取出。移动式压注模对成型设备没有特殊的要求,在普通的压力机上就可以成型。

2. 按机构特征分类

压注模按加料室的机构特征可分为罐式压注模和柱塞式压注模。

(1)罐式压注模

罐式压注模用普通压力机成型,使用较为广泛,上述所介绍的在普通压力机上工作的固定式压注模和移动式压注模都是罐式压注模。

(2)柱塞式压注模

柱塞式压注模用专用压力机成型,与罐式压注模相比,柱塞式压注模没有主流道,只有分流道,主流道变为圆柱形的加料室,与分流道相通,成型时,柱塞所施加的挤压力对模具不起锁模的作用,因此,需要用专用的压力机,压力机有主液压缸(锁模)和辅助液压缸(成型)两个液压缸,主液缸起锁模作用,辅助液缸起压注成型作用。此类模具既可以是单型腔,也可以一模多腔。

1)上加料室式压注模

上加料室式压注模如图 11-3 所示,压力机的锁模液压缸在压力机的下方,自下而上合模;辅助液压缸在压力机的上方,自上而下将物料挤入模腔。合模加料后,当加入加料室内的塑料受热成熔融状态时,压力机辅助液压缸工作,柱塞将熔融物料挤入型腔,固化成型后,辅助液压缸带动柱塞上移,锁模液压缸带动下工作台将模具分型开模,塑件与浇注系统凝料留在下模,推出机构将塑件从凹模镶块 5 中推出,此结构成型所需的挤压力小,成型质量好。

2)下加料室式压注模

下加料室式压注模如图 11-4 示,模具所用压力机的锁模液压缸在压力机的上方,自上而下合模;辅助液压缸在压力机的下方,自下而上将物料挤入型腔,与上加料室柱塞式压注模的主要区别在于:它是先加料,后合模,最后压注成型;而上加料室柱塞式压注模是先合

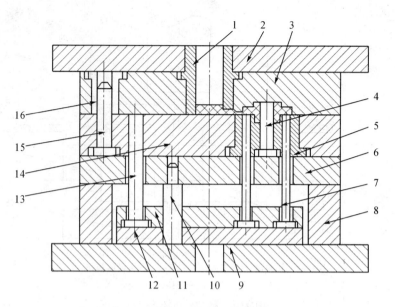

1—加料室;2—上模座板;3—上模板;4—型芯;5—凹模镶块;6—支承板;7—推杆;
8—垫块;9—下模座板;10—推板导柱;11—推杆固定板;12—推板;13—复位杆;
14—下模板;15—导柱;16—导套

图 11-3 上加料室压注模

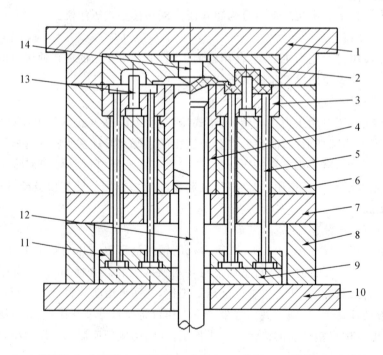

1—上模座板;2—上凹模;3—下凹模;4—加料室;5—推杆;6—下模板;7—支承板;
8—垫块;9—推板;10—下模座板;11—推杆固定板;12—柱塞;13—型芯;14—分流锥

图 11-4 下加料式压注模

模,后加料,最后压注成型。由于余料和分流道凝料与塑件一同推出,因此,清理方便,节省材料。

11.2 压注模零部件设计

压注模的结构设计原则与注射模、压缩模基本相似,例如分型面设计、导向机构、推出机构的设计等可以参照上述两类模具的设计方法进行设计,本节主要介绍压注模特有的结构。

11.2.1 加料室的结构设计

压注模与注射模不同之处在于它有加料室,压注成型之前塑料必须加入到加料室内进行预热、加压,才能压注成型。由于压注模的结构不同,加料室的形式也不相同。前面介绍过,加料室截面大多为圆形,也有矩形及腰圆形结构,主要取决于模腔结构及数量,它的定位及固定形式取决于所选设备。

1. 移动式压注模加料室

移动压注模的加料室可单独取下,有一定的通用性,其结构如图 11-5(a)所示。它是一种比较常见的结构,加料室的底部为一带有 $40''\sim45''$ 斜角的台阶,当压柱向加料室内的塑料施压时,压力也同时作用在台阶上,使加料室与模具的模板贴紧,防止塑料从加料室的底部溢出,能防止溢料飞边的产生。

加料室在模具上的定位方式有以下几种:图 11-5(a)与模板之间没有定位,加料室的下表面和模板的上表面均为平面,这种结构的特点是制造简单,清理方便,适用于小批量生产;图 11-5(b)为用定位销定位的加料室,定位销采用过渡配合,可以固定在模板上,也可以固定在加料室上。定位销与配合端采用间隙配合,此结构的加料室与模板能精确配合,缺点是拆卸和清理不方便;图 11-5(c)采用四个圆往挡销定位,圆柱挡销与加料室的配合间隙较大,此结构的特点是制造和使用都比较方便;图 11-5(d)采用在模板上加工出一个 $3\sim5$mm 的凸台,与加料室进行配合,其特点是既可以准确定位又可防止溢料,应用比较广泛。

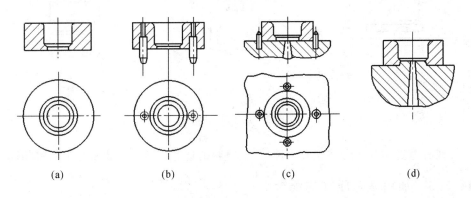

(a)　　　　(b)　　　　(c)　　　　(d)

图 11-5　移动式加料室

2. 固定式压注模加料室

固定式罐式压注模的加料室与上模连成一体,在加料室的底部开设浇注系统的流道通向型腔。当加料室和上模分别在两块模板上加工时,应设置浇口套,如图 11-1 所示。

柱塞式压注模的加料室截面为圆形,其安装形式见图 11-3 和图 11-4。由于采用专用液压机,而液压机上有锁模液压缸,所以加料室的截面尺寸与锁模无关,加料室的截面尺寸较小,高度较大。

加料室的材料一般选用 T8A、TIOA、CrWM、Cr12 等材料制造,热处理硬度为 52～56HRC,加料室内腔应抛光镀铬,表面粗糙度 Ra 低于 $0.4\mu m$。

11.2.2 压柱的结构

压柱的作用是将塑料从加料室中压入型腔,常见的移动式压注模的压柱结构形式如图 11-6(a)所示,其顶部与底部是带倒角的圆柱形,结构十分简单;图 11-6(b)为带凸缘结构的压柱,承压面积大,压注时平稳,既可用于移动式压注模,又可用于普通的固定式压注模;图 11-6(c)和图 11-6(d)为组合式压柱,用于普通的固定式压注模,以便固定在液压机上,模板的面积大时,常用这种结构。图 11-6(d)为带环型槽的压柱,在压注成型时环型槽被溢出的塑料充满并固化在槽中,可以防止塑料从间隙中溢料,工作时起活塞环的作用;图 11-6(e)和图 11-6(f)所示为柱塞式压注模压柱(称为柱塞)的结构,前者为柱塞的一般形式,一端带有螺纹,可以拧在液压机辅助液压缸的活塞杆上;后者为柱塞的柱面有环型槽,可防止塑料侧面溢料,头部的球形凹面有使料流集中的作用。

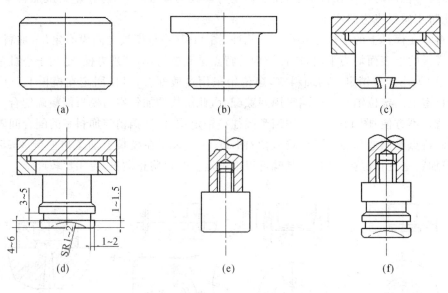

图 11-6 压柱结构

压柱或柱塞是承受压力的主要零件,压柱材料的选择和热处理要求与加料室相同

11.2.3 加料室与压柱的配合

加料室与压柱的配合关系如图 11-7 所示。加料室与压柱的配合通常采用 H8/f9 或 H9/f9,也可以采用 $0.05～0.1mm$ 的单边间隙配合。压柱的高度 H_1 应比加料室的高度 H 小 $0.5～1mm$,避免压柱直接压到加料室上,加料室与定位凸台的配合高度之差为 0～

0.1mm,加料腔底部倾角 $\alpha = 40° \sim 45°$。

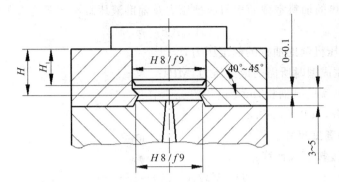

图 11-7　压注与加料室的配合

11.2.4　加料室尺寸计算

加料室的尺寸计算包括截面积尺寸和高度尺寸计算,加料室的形式不同,尺寸计算方法也不同。加料室分为罐式和柱塞式两种形式。

1. 塑料原材料的体积

塑料原材料的体积按下式计算:

$$V_{al} = kV_a \tag{11-1}$$

式中　V_{al}——塑料原料的体积,mm³;

　　　　k——塑料的压缩比;

　　　　V_a——塑件的体积,mm³。

2. 加料室截面积

(1)罐式压注模加料室截面尺寸计算

压注模加料室截面尺寸的计算从加热面积和锁模力两个方面考虑。

从塑料加热面积考虑,加料腔的加热面积取决于加料量,根据经验每克未经预热的热固性塑料约需 140mm² 的加热面积,加料室总表面积为加料室内腔投影面积的 2 倍与加料室装料部分侧壁面积之和。由于罐式加料室的高度较低,可将侧壁面积略去不计,因此,加料室截面积为所需加热面积的一半,即

$$2A = 140m$$
$$A = 70m \tag{11-2}$$

式中　A——加料室的截面积,mm²;

　　　　m——成型塑件所需的加料量,g。

从锁模力角度考虑,成型时为了保证型腔分型面密合,不发生因型腔内塑料熔体成型压力将分型面顶开而产生溢料的现象,加料室的截面积必须比浇注系统与型腔在分型面上投影面积之和大 1.10～1.25 倍,即

$$A = (1.10 \sim 1.25)A_1 \tag{11-3}$$

式中　A——加料室的截面积,mm²;

　　　　A_1——浇注系统与型腔在分型面上投影面积之和,mm²。

（2）柱塞式压注模加料室截面尺寸计算

柱塞式压注模的加料室截面积与成型压力及辅助液压缸额定压力有关，即

$$A \leqslant KF_P/p \qquad (11-4)$$

式中　F_p——液压机辅助油缸的额定压力，N；

　　　p——压注成型时所需的成型压力，MPa；

　　　A——加料室的截面积，mm^2；

　　　K——系数，取 $0.70 \sim 0.80$。

3. 加料室的高度尺寸

加料室的高度按下式计算：

$$H = V_{al}/A + (10 \sim 15)mm \qquad (11-5)$$

式中　H——加料室的高度，mm。

11.3　压注模浇注系统与排溢系统设计

压注模浇注系统与注射模浇注系统相似，也是由主流道、分流道及浇口几部分组成，它的作用及设计与注射模浇注系统基本相同，但二者也有不同之处，在注射模成型过程中，希望熔体与流道的热交换越少越好，压力损失要少；但压注模成型过程中，为了使塑料在型腔中的硬化速度加快，反而希望塑料与流道有一定的热交换，使塑料熔体的温度升高，进一步塑化，以理想的状态进入型腔。如图 11-8 所示为压注模的典型浇注系统。

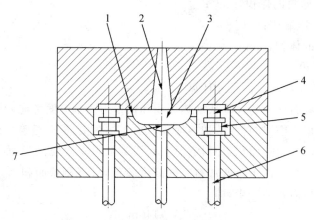

1—浇口；2—主流道；3—分流道；4—钳件；5—型腔；6—推杆；7—冷料室

图 11-8　压注模浇注系统

浇注系统设计时要注意浇注系统的流道应光滑、平直，减少弯折，流道总长要满足塑料流动性的要求；主流道应位于模具的压力中心，保证型腔受力均匀，多型腔的模具要对称布置；分流道设计时，要有利于使塑料加热，增大摩擦热，使塑料升温；浇口的设计应使塑件美观，清除方便。

11.3.1 主流道

主流道的截面形状一般为圆形,有正圆锥形主流道和倒圆锥形主流道两种形式,如图11-9所示。图11-9(a)所示为正圆锥形主流道,主流道的对面可设置拉料钩,将主流道凝料拉出。由于热固性塑料塑性差,截面尺寸不宜太小,否则会使料流的阻力增大,不容易充满型腔,造成欠压。正圆锥形主流道常用于多型腔模具,有时也设计成直接浇口的形式,用于流动性较差的塑料。主流道有6°~10°的锥度,与分流道的连接处应有半径2mm以上的圆弧过渡。

图11-9(b)所示为倒圆锥形主流道,它常与端面带楔形槽的压柱配合使用,开模时,主流道与加料室中的残余废料由压柱带出便于清理,这种流道既可用于一模多腔,又可用于单型腔模具或同一塑件有几个浇口的模具。

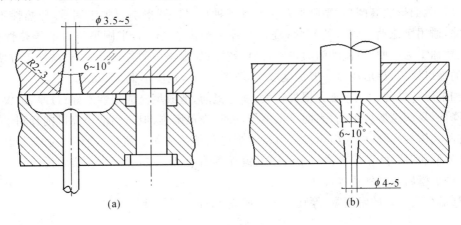

(a)   (b)

图 11-9　压注模主流道结构形式

11.3.2 分流道

压注模分流道的结构如图11-10所示。压注模的分流道比注射模的分流道浅而宽,一般小型塑件深度取2~4mm,大型塑件深度取4~6mm,最浅不小于2mm。如果过浅会使塑料提前硬化,流动性降低,分流道的宽度取深度的1.5~2倍。常用的分流道截面为梯形或半圆形。梯形截面分流道的压注模,截面积应取浇口截面积的5~10倍。分流道多采用平

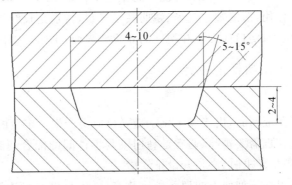

图 11-10　压注模梯形分流道结构形式

衡式布置,流道应光滑、平直,尽量避免弯折。

11.3.3 浇口

浇口是浇注系统中的重要部分,它与型腔直接接触,对塑料能否顺利地充满型腔、塑件质量以及熔料的流动状态有很重要的影响。因此,浇口设计应根据塑料的特性、塑件质量要求及模具结构等多方面来考虑。

1. 浇口形式

压注模的浇口与注射模基本相同,可以参照注射模的浇口进行设计,但由于热固性塑料的流动性较差,所以应取较大的截面尺寸。压注模常用的浇口有圆形点浇口、侧浇口、扇形浇口、环形浇口以及轮辐式浇口等几种形式。

2. 浇口尺寸

浇口截面形状有圆形、半圆形及梯形等三种形式。圆形浇口加工困难,导热性不好,不便去除,适用于流动性较差的塑料,浇口直径一般大于 3mm;半圆形浇口的导热性比圆形好,机械加工为一便,但流动阻力较大,浇口较厚;梯形浇口的导热性好,机械加工方便,是最常用的浇口形式,梯形浇口一般深度取 0.5～0.7mm,宽度不大于 8mm。

如果浇口过薄、太小,压力损失较大,硬化提前,造成填充成型性不好;过厚、过大会造成流速降低,易产生熔接不良,表面质量不佳,去除浇道困难,但适当增厚浇口则有利于保压补料,排除气体,降低塑件表面粗糙度值及适当提高熔接质量。所以,浇口尺寸应考虑塑料性能,塑件形状、尺寸、壁厚和浇口形式以及流程等因素,凭经验确定。在实际设计时一般取较小值,经试模后修正到适当尺寸。

梯形截面浇口的常用宽、厚比例可参照表 11-1。

表 11-1　梯形浇口的宽、厚比例尺寸

浇口截面积/mm²	2.5	2.5～3.5	3.5～5.0	5.0～6.0	6.0～8.0	8.0～10	10～15	15～20
宽×厚/mm	5×0.5	5×0.7	7×0.7	6×1	8×1	10×1	10×1.5	10×2

3. 浇口位置的选择

由于热固性塑料流动性较差,为了减小流动阻力,有助于补缩,浇口应开设在塑件壁厚最大处。塑料在型腔内的最大流动距离应尽可能限制在拉西格流动性指数范围内,对大型塑件应多开设几个浇口以减小流动距离,浇口间距应不大于 120～140mm;热固性塑料在流动中会产生填料定向作用,造成塑件变形、翘曲甚至开裂,特别是长纤维填充的塑件,定向更为严重,应注意浇口位置;浇口应开设在塑件的非重要表面,不影响塑件的使用及美观。

11.3.4 排气和溢料槽的设计

1. 排气槽设计

热固性塑料在压注成型时,由于发生化学交联反应会产生一定量的气体和挥发性物质,同时型腔内原有的气体也需要排除,通常是利用模具零件间的配合间隙及分型而之间的间隙进行排气,当不能满足要求时,必须开设排气槽。

排气槽应尽量设置在分型面上或型腔最后填充处,也可设在料流汇合处或有利于清理飞边及排出气体处。

　　排气槽的截面形状一般取矩形,对于中小型塑件,分型面上的排气槽尺寸深度取 0.04～0.13mm,宽度取 3～5mm,具体的位置及深度尺寸一般经试模后再确定。

　　排气槽的截面积也可按经验公式计算:

$$A = \frac{0.05V_s}{n} \tag{11-6}$$

式中　A——排气梢截面积,mm^2,推荐尺寸见表 11-2;

　　　　V_s——塑件体积,mm^3;

　　　　n——排气槽数量。

表 11-2　排气槽截面积推荐尺寸

排气槽截面积/mm^2	排气槽截面尺寸槽宽/mm×槽深/mm
0.2	5×0.04
0.2～0.4	5×0.08
0.4～0.6	6×0.1
0.6～0.8	8×0.1
0.8～1.0	10×0.1
1.0～1.5	10×0.15
1.5～2.0	10×0.2

2. 溢料槽设计

　　成型时,为了避免嵌件或配合孔中渗入更多塑料,防止塑件产生熔接痕迹,或者让多余塑料溢出,需要在产生接缝处或适当的位置开设溢料槽。

　　溢料槽的截面尺寸一般宽度取 3～4mm,深度取 0.1～0.2mm,加工时深度先取小一些,经试模后再修正。溢料槽尺寸过大会使溢料量过多,塑件组织疏松或缺料;过小时会产生溢料不足。

第12章 挤出模设计

塑料挤出成型是用加热的方法使塑料成为流动状态,然后在一定压力的作用下使它通过塑模,经定型后制得连续的型材。挤出法加工的塑料制品种类很多,如管材、薄膜、棒材、板材、电缆敷层、单丝以及异形截面型材等。挤出机还可以对塑料进行混合、塑化、脱水、造粒和喂料等准备工序或半成品加工。因此,挤出成型已成为最普通的塑料成型加工方法之一。

用挤出法生产的塑料制品大多使用热塑性塑料,也有使用热固性塑料的。如聚氯乙烯、聚乙烯、聚丙烯、尼龙、ABS、聚碳酸酯、聚砜、聚甲醛、氯化聚醚等热塑性塑料以及酚醛、脲醛等热固性塑料。

挤出成型具有效率高、投资少、制造简便,可以连续化生产,占地面积少,环境清洁等优点。通过挤出成型生产的塑料制品得到了广泛的应用,其产量占塑料制品总量的三分之一以上。因此,挤出成型在塑料加工工业中占有很重要的地位。

12.1 挤出机头的结构组成及种类

12.1.1 机头的结构组成

机头是挤出成型模具的主要部件,它有下述四种作用:

①使物料由螺旋运动变为直线运动;

②产生必要的成型压力,保证制品密实;

③使物料通过机头得到进一步塑化;

④通过机头成型所需要的断面形状的制品。

现以管材挤出机头为例,分析一下机头的组成与结构,如图 12-1 所示。

(1)口模和芯棒

口模成型制品的外表面,芯棒成型制品的内表面,故口模和芯棒的定型部分决定制品的横截面形状和尺

(2)多孔板(过滤板、栅板)

如图 12-1 所示,多孔板的作用是将物料由螺旋运动变为直线运动,同时还能阻止未塑化的塑料和机械杂质进入机头。此外,多孔板还能形成一定的机头压力,使制品更加密实。

(3)分流器和分流器支架

分流器又叫鱼雷头。塑料通过分流器变成薄环状,便于进一步加热和塑化。大型挤出机的分流器内部还装有加热装置。

分流器支架主要用来支撑分流器和芯棒,同时也使料流分束以加强搅拌作用。小型机

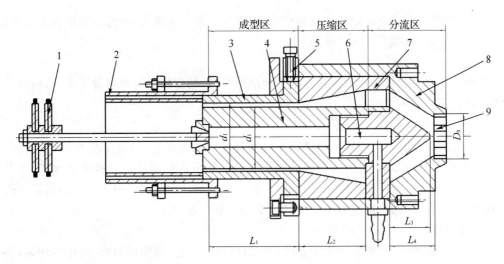

1—堵塞;2—定径套;3—口模;4—芯棒;5—调节螺钉;6—分流圈;7—分流器支架;8—机头体;9—过滤板
图 12-1　管材挤出机头

头的分流器支架可与分流器设计成整体。

（4）调节螺钉

用来调节口模与芯棒之间的间隙,保证制品壁厚均匀。

（5）机头体

用来组装机头各零件及挤出机连接。

（6）定径套

使制品通过定径套获得良好的表面粗糙度.正确的尺寸和几何形状。

（7）堵塞

防止压缩空气泄漏,保证管内一定的压力。

12.1.2　挤出机头的分类及设计原则

1. 挤出机头分类

由于挤出制品的形状和要求不同,因此要有相应的机头满足制品的要求,机头种类很多,大致可按以下三种特征来进行分类。

（1）按机头用途分类

可分为挤管机头、吹管机头、挤扳机头等。

（2）按制品出品方向分类

可分为直向机头和横向机头,前者机头内料流方向与挤出机螺杆轴向一致,如硬管机头;后者机头内料流方向与挤出机螺杆轴向成某一角度,如电缆机头。

（3）按机头内压力大小分类

可分为低压机头（料流压力为 3.92MPa）、中压机头（料流压力为 3.92～9.8MPa）和高压机头（料流压力在 9.8MPa 以上）。

2. 设计原则

（1）流道呈流线型

为使物料能沿着机头的流道充满并均匀地被挤出,同时避免物料发生过热分解,机头内流道应呈流线型,不能急剧地扩大或缩小,更不能有死角和停滞区,流道应加工得十分光滑,表面粗糙度应取 Ra 数值在 $0.4\mu m$ 以下。

(2)足够的压缩比

为使制品密实和消除因分流器支架造成的结合缝,根据制品和塑料种类不同,应设计足够的压缩比。

(3)正确的断面形状

机头成型部分的设计应保证物料挤出后具有规定的断面形状,由于塑料的物理性能和压力、温度等因素的影响,机头成型部分的断面形状并非就是制品相应的断面形状,二者有相当的差异,设计时应考虑此因素,使成型部分有合理的断面形状。由于制品断面形状的变化与成型时间有关,因此控制必要的成型长度是一个有效的方法。

(4)结构紧凑

在满足强度条件下,机头结构应紧凑,其形状应尽量做得规则而对称,使传热均匀,装卸方便和不漏料。

(5)选材要合理

由于机头磨损较大,有的塑料又有较强的腐蚀性,所以机头材料应选择耐磨、硬度较高的碳钢或合金钢,有的甚至要镀铬,以提高机头耐腐蚀性。

此外,机头的结构尺寸还和制品的形状、加热方法、螺杆形状、挤出速度等因素有关。设计者应根据具体情况灵活应用上述原则。

12.2 管材机头设计

在挤出成型中,管材挤出的应用最为广泛。管材挤出机头是成型管材的挤出模,适用与聚乙烯、聚丙烯、聚碳酸酯、聚酰胺、软硬聚氯乙烯等塑料的挤出成型。

12.2.1 管材机头的分类

管材机头常称为挤管机头或管机头,按机头的结构形式可分为直通式挤管机头、直角式挤管机头、旁侧式挤管机头和微孔流道挤管机头等多种形式。

1. 直通式挤管机头

直通式挤管机头如图 12-1 所示,其特点是熔料在机头内的流动方向与挤出方向一致,机头结构比较简单,但熔料经过分流器及分流器支架时易产生熔接痕迹且不容易消除,管材的力学性能较差,机头的长度较大、结构笨重。直通式挤管机头主要用于成型软硬聚氯乙烯、聚乙烯、尼龙、聚碳酸酯等塑料管材。

2. 直角式挤管机头

直角式挤管机头又称弯管机头,机头轴线与挤出机螺杆的轴线成直角,如图 12-2 所示。直角式挤管机头内无分流器及分流器支架,塑料熔体流动成型时不会产生分流痕迹,管材的力学性能提高,成型的塑件尺寸精度高,成型质量好,缺点是机头的结构比较复杂,制造困难。直角式挤管机头适用于成型聚乙烯、聚丙烯等塑料管材。

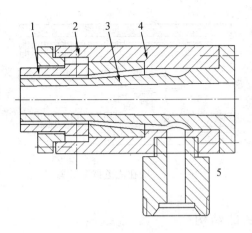

1-口模;2-调节螺钉;3-芯棒;4-机头体;5-连接管

图 12-2　直角式挤管机头

3. 旁侧式挤管机头

如图 12-3 所示,挤出机的供料方向与出管方向平行,机头位于挤出机的下方。旁侧式挤管机头的体积较小,结构复杂,熔体的流动阻力大,适用于直径大、管壁较厚的管材挤出成型。

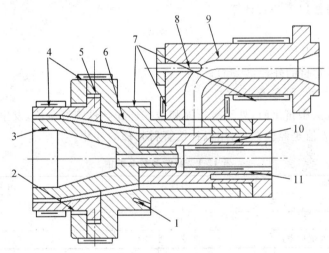

1、12-温度计插孔;2-口模;3-芯棒;4、7-电热器;5-调节螺钉;6-机头体;

8、10-熔料测温孔;9-机头体;11-芯棒加热器

图 12-3　旁侧式挤管机头

4. 微孔流道挤管机头

如图 12-4 所示,微孔流道挤管机头内无芯棒,熔料的流动方向与挤出机螺杆的轴线方向一致,熔体通过微孔管上的微孔进入口模而成型,特别适合于成型直径大、流动性差的塑料(如聚烯烃)。微孔流道挤管机头体积小、结构紧凑,但由于管材直径大、管壁厚容易发生偏心,所以口模与芯棒的间隙下面比上面要小 10%~18%,用以克服因管材自重而引起的壁厚不均匀。

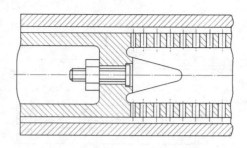

图 12-4　微孔流道挤管机头

12.2.2　管材机头的结构

管材机头结构主要由口模和芯棒两部分组成,下面以直通式挤管机头(图 12-1)为例介绍机头零件的结构设计。

1. 口模的设计

口模主要成型塑件的外部表面,主要尺寸分为口模的内径尺寸和定型段的长度尺寸两部分,在设计前,必需的已知条件是所用的挤出机型号和塑料制品的内、外直径及精度要求。

(1)口模的内径 D

口模的内径可按以下公式计算:

$$D = kd_s \qquad (12\text{-}1)$$

式中　D——口模的内径,mm;

　　　d_s——塑料管材的外径,(mm);

　　　k——补偿系数,可参考表 12-1。

由于管材从机头中挤出时,处于被压缩和被拉伸的弹性恢复阶段,发生了离模膨胀和冷却收缩现象,所以 k 值是经验数据,用以补偿管材外径的变化。

表 12-1　补偿系数 k 取值

塑料品种	内径定径	外径定径
聚氯乙烯(PVC)	—	0.95～1.05
聚酰胺(PA)	1.05～1.10	—
聚乙烯(PE) 聚丙烯(PP)	1.20～1.30	0.90～1.05

(2)定型段长度 L_1

定型段长度 L_1 一般按经验公式计算,即

$$L_1 = (0.5 \sim 3.0)d_s \qquad (12\text{-}2)$$

或者

$$L_1 = nt \qquad (12\text{-}3)$$

式中　L_1——口模定型段长度,mm;

　　　d_s——管材的外径,mm;

　　　t——管材的壁厚,mm;

　　　n——系数,具体数值见表 12-2,一般对于外径较大的管材取小值,反之则取大值。

表 12-2　定型段长度 L_1 计算系数 n

塑料品种	硬聚氯乙烯（HPVC）	软聚氯乙烯（SPVC）	聚乙烯（PE）	聚丙烯（PP）	聚酰胺（PA）
系数 n	18～33	15～25	14～22	14～22	13～23

2. 芯棒的设计

芯棒成型管材的内表面形状,结构如图 12-1 中的件 4 所示,芯棒的主要尺寸有芯棒外径 d、压缩段长度 L_2 和压缩角 β。

（1）芯棒外径 d

芯棒外径就是定型段的直径,管材的内径由芯棒的外径决定。考虑到管材的离模膨胀和冷却收缩效应的影响,芯棒的外径可按下列经验公式计算:

采用外定径时: $$d=D-2\delta \tag{12-4}$$
式中　d——芯棒的外径,mm;

　　　D——口模的内径,mm;

　　　δ——口模与芯棒的单边间隙,mm,通常取$(0.83\sim0.94)\times$管材壁厚。

采用内定径时: $$d=d_0 \tag{12-5}$$
式中　d_0——管材的内径,mm。

（2）压缩段长度 L_2

芯棒的长度分为定型段长度和压缩段长度两部分,定型段长度与口模定型段长度 L_1 取值相同,压缩段长度 L_2 与口模中相应的锥面部分构成压缩区域,其作用是消除塑料熔体经过分流器时所产生的分流痕迹,L_2 值按下列经验公式计算:

$$L_2=(1.5\sim2.5)D_0 \tag{12-6}$$
式中　L_2——芯棒的压缩段长度,mrn;

　　　D_0——过滤板出口处直径,mm。

（3）压缩角 β

压缩区的锥角 β 称为压缩角,一般在 30°～60° 范围内选取。压缩角过大会使管材表面粗糙,失去光泽。对于黏度低的塑料,β 取较大值,一般为 45°～60°;对于黏度高的塑料,β 取较小值,一般为 30°～50°。

3. 分流器及分流器支架的设计

分流器的结构如图 12-1 中的件 6 所示,熔体经过过滤网后,经过分流器初步形成管状。分流器的作用是对塑料熔体进行分层减薄,进一步加热和塑化。分流器的主要设计尺寸有扩张角 α、分流锥长度 L_3,及分流器顶部圆角 R 部分。

（1）分流器扩张角 α

分流器扩张角 α 的选取与塑料黏度有关,通常取 30°～90°。塑料黏度较低时,可取 30°～80°;塑料黏度较高时,可取 30°～60°。α 过大时,熔体的流动阻力大,容易产生过热分解;α 过小时,不利子熔体均匀的加热,机头体积也会增大。分流器的扩张角 α 应大于芯棒压缩段的压缩角 β。

（2）分流锥长度 L_3

分流锥长度 L_3,按下式计算:

$$L_3=(0.6\sim1.5)D_0 \tag{12-7}$$

式中　L_3——分流锥长度,mm;

　　　　D_0——过滤板出口处直径,mm。

(3)分流器顶部圆角 R

分流器顶部圆角 R 一般取 0.5~2.0mm。

12.3　异型材机头设计

塑料异型材在建筑、交通、家用电器、汽车配件等方面已经被广泛使用(如图12-5所示),例如门窗、轨道型材。一般把除了圆管、圆棒、片材、薄膜等形状外的其他截面形状的塑料型材称为异型材。

塑料异型材具有优良的使用性能和技术特性,异型材的截面形状不规则,几何形状复杂,尺寸精度要求高,成型工艺困难,模具结构复杂,所以成型效率较低。异型材根据截面形状不同可以分为异型管材、中空异型材、空腔异型材、开放式异型材和实心异型材等五大类。

图 12-5　常见的塑料异型材

12.3.1　异型材机头的形式

异型材挤出成型机头是所有挤出机头设计中最复杂的一种,由于型材截面的形状不规则,塑料熔体挤出机头时各处的流速、压力、温度不均匀,型材的质量受到影响,容易产生应力及型材壁厚不均匀现象。异型材挤出成型机头可分为板式机头和流线型机头两种形式。

1. 板式异型材机头

图 12-6 所示是典型的板式异型材机头的结构。板式异型材机头的特点是结构简单、制造方便、成本低、安装调整容易。在结构上,板式异型材机头内的流道截面变化急剧,从进口

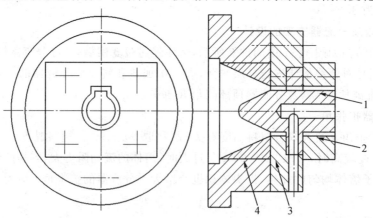

1—芯棒;2—口模;3—支承板;4—机头体

图 12-6　板式异型材机头

的圆形变为接近塑件截面的形状,物料的流动状态不好,容易造成物料滞留现象,对于热敏性塑料(如硬聚氯乙烯)等塑料,则容易产生热分解,一般用于熔融黏度低而热稳定性高的塑料(如聚乙烯、聚丙烯、聚苯乙烯等)异型材挤出成型。对于硬聚氯乙烯,在形状简单、生产批量小时才使用板式异型材机头。

2. 流线型机头

流线型机头如图 12-7 所示。这种机头是由多块钢板组成,为避免机头内流道截面的急剧变化,将机头内腔加工成光滑过渡的曲面,各处不能有急剧过渡的截面或死角,使熔料流动顺畅。由于截面流道光滑过渡,挤出生产时流线型机头没有物料滞留的缺陷,挤出型材质量好,特别适合于热敏性塑料的挤出成型,适于大批量生产。但流线型机头结构复杂,制造难度较大。流线型机头分为整体式和分段式两种形式。图 12-7 所示为整体式流线型机头,机头内流道由圆环形渐变过渡到所要求的形状,各截面形状如图 12-8 中各剖视图所示。制造整体式线型机头显然要比分段式流线型机头困难。

当异型材截面复杂时,整体式的流线型机头加工很困难,为了降低机头的加工难度,可以用分段拼合式流线型机头成型,分段拼合式流线型机头是将机头体分段,分别加工再装配的制造方法,可以降低整体流道加工的难度,但在流道拼接处易出现不连续光滑的截面尺寸过渡,工艺过程的控制比较困难。

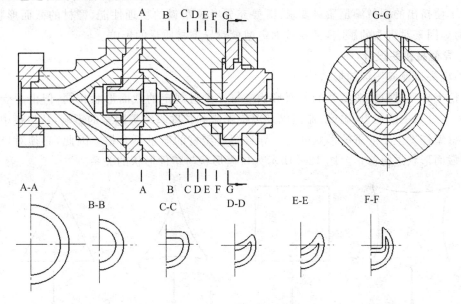

图 12-7　流行型机头

12.3.2　异型材结构设计

异型材结构的合理性是决定异型材质量的关键,机头结构设计之前,应考虑塑件的结构形式。要想获得理想状态的异型材,必须保证异型材的结构工艺性合理,熔料在机头中的流动顺畅,挤出成型工艺过程中温度、压力、速度等满足要求。

异型材设计时应考虑以下几方面问题:

(1)尺寸精度

异型材的尺寸精度与截面形状有关,由于异型材的结构比较复杂,很难得到较高的尺寸精度,在满足使用要求的俞提下,应选择较低精度(7、8级)等级。

(2)表面粗糙度

异型材的表面粗糙度一般取 $Ra \geqslant 0.8$mm。

(3)加强肋的设计

中空异型材塑件设置加强肋时,肋板厚度应取较小值,常取制件厚度的80%,过厚会使塑件出现翘曲、凹陷现象。

(4)异型材的厚度

异型材的截面应尽量简单,壁厚要均匀,一般壁厚为 1.2～4.0mm,最大可取 20mm,最小可取 0.5mm。

(5)圆角的设计

异型材的转角如果是直角,易产生应力集中现象,因此,在连接处应采用圆角过渡。增大圆角半径,可改善料流的流动性,避免塑件变形。一般外侧圆角半径应大于 0.5mm,内侧圆角半径大于 0.25mm,圆角半径的大小还取决于塑料原材料,条件允许时,可选择较大的圆角半径。

12.3.3 异型材机头结构设计

为了使挤出的型材满足质量要求. 既要充分考虑塑料的物理性能、型材的截面形状、温度、压力等因素对机头的影响,又要考虑定型模对异型材质量的影响。

1. 异型材机头设计

(1)机头口模成型区的形状修正

理论上异型材口模成型处的截面形状应与异型材规定的截面形状相同,但由于受塑料性能、成型过程中的压力、温度、流速以及离模膨胀和长度收缩等因素的影响,从口模中挤出的异型材型坯发生了严重的形状畸变。导致塑料型材的质量不合格。因此,必须对口模成型区的截面形状进行修正。图 12-8 所示为口模形状与塑件形状的关系。

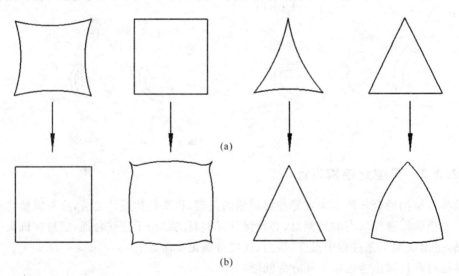

图 12-8　口模形状与塑件形状的关系

(2)机头口模尺寸的确定

口模的尺寸包括口模流道缝隙的间隙尺寸 δ、截面的高度尺寸 H、宽度尺寸 B 及定型段的长度 L_1 等,由于异型材成型工艺的复杂性,使得理论上计算得到的尺寸与实际型材的尺寸相差很大,实际工作中,常常采用经验数据估计确定,具体尺寸设计可参考表 12-3 选取。

表 12-3　异型材机头结构尺寸参数

塑料品种	软聚氯乙烯	硬聚氯乙烯	聚乙烯	聚苯乙烯	醋酸纤维
L_1/δ	6～9	20～70	14～20	17～22	17～22
t/δ	0.85～0.90	1.1～1.2	0.85～0.90	1.0～1.1	0.75～0.90
H_1/H	0.80～0.90	0.80～0.93	0.80～0.90	0.85～0.93	0.85～0.95
B_s/B	0.70～0.85	0.90～0.97	0.75～0.90	0.75～0.90	0.75～0.90

2. 机头结构参数

(1)扩张角

机头内分流器的扩张角一般小于 70°,对硬聚氯乙烯等成型条件要求严格的塑料控制在 60°左右。

(2)压缩比

机头压缩比与管机头相似。

(3)压缩角

为了保证熔体流经分流器后能很好地融合,消除熔接痕迹,一般压缩角取 25°～50°。

(4)定型装置设计

从机头中挤出的型材温度都比较高,形状很难保持,必须经过冷却定型装置才能保证异型材的尺寸、形状及光亮的表面。异型材的挤出成型质量不仅取决于机头设计的合理性,更与定型装置有着密切的关系,它是提高产品质量和挤出生产率的关键因素。

采用真空吸附法定型,从机头中挤出的异型材通过定型装置上的真空孔完全被吸附在定型装置上,并被充分冷却,定型装置入口至出口真空吸附面积应由大到小,真空孔数应由密变疏。

定型段的冷却方式有很多种,常用的冷却方法为冷却水冷却,冷却水孔的直径一般取 $\phi10～\phi20$mm,为了保证冷却效果,在条件允许的情况下,水道直径越大越好,而且冷却水最好保持紊流状态。冷却水道在定型装置中应对称布置,保证异型材均匀冷却。

12.4　电线电缆机头设计

电线与电缆是日常生活中应用较多的塑料产品,它们通过挤出成型的方法在挤出机头上成型出来。电线是在单股或多股金属芯线外面包覆一层塑料作为绝缘层的挤出制品;电缆是在一束互相绝缘的导线或不规则的芯线上包覆一层塑料绝缘层的挤出制品。挤出电线电缆的机头与管机头结构相似,但由于电线电缆的内部夹有金属芯线及导线,所以常用直角式机头。下面介绍挤出电线电缆机头的两种结构形式。

12.4.1　挤压式包覆机头

挤压式包覆机头用来生产电线,如图 12-9 所示。这种机头呈直角式,又称十字机头,熔融塑料通过挤出机过滤板进入机头体,转向 90°,沿着芯线导向棒流动,汇合成一封闭料环后,经口模成型段包覆在金属芯线上,由于芯线通过芯线导向棒连续地运动,使电线包覆生产能连续进行,得到连续的电线产品。

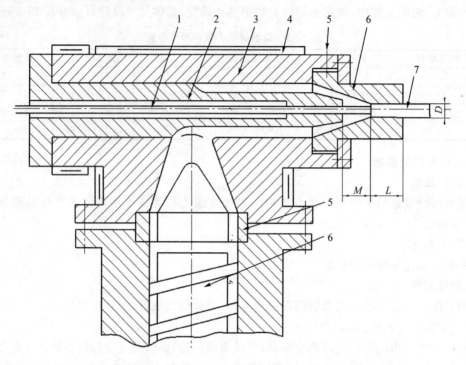

1—芯线;2—导向棒;3—机头体;4—电热器;5—调节螺钉;6—口模;
7—包覆塑件;8—过滤板;9—挤出机螺杆
图 12-9　挤压式包覆机头

这种机头结构简单,调整方便,被广泛应用于电线的生产。但该机头结构的缺点是芯线与塑料包覆层的同心度不好,包覆层不均匀。

口模与芯棒的尺寸计算方法与塑料管材相同,定型段长度 L 为口模出口处直径 D 的 $1.0\sim1.5$ 倍,包覆层厚度取 $1.25\sim1.60$mm,芯棒前端到口模定型段之间的距离 M 与定型段长度相等,定型段长度 L 较长时,塑料与芯线接触较好,但是挤出机料筒的螺杆背压较高,塑化量低。

12.4.2　套管式包覆挤出模

套管式包覆机头用来生产电缆,机头如图 12-10 所示。与挤压式包覆机头的结构相似,这种机头也是直角式机头,区别在于,套管式包覆机头是将塑料挤成管状,一般在口模外靠塑料管的冷却时收缩而包覆在芯线上,也可以抽真空使塑料管紧密地包在芯线上。导向棒成型管材的内表面,口模成型管材的外表面,挤出的塑料管与导向棒同心,塑料管挤出口模后立即包覆在芯线上,由于金属芯线连续地通过导向棒,因而包覆生产也就连续地进行。

包覆层的厚度随口模尺寸、芯棒头部尺寸、挤出速度、芯线移动速度等因素的变化而改变。口模定型段长度 L 为口模出口直径 D 的 0.5 倍以下,否则螺杆背压过大,使产量降低,

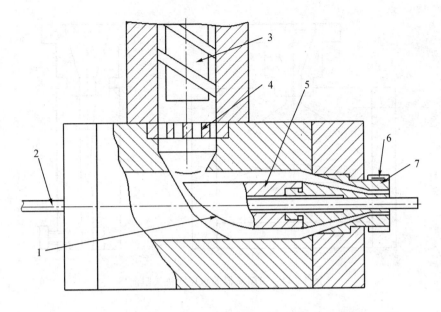

1—螺旋面；2—芯线；3—挤出机螺杆；4—过滤板；5—导向棒；6—电热器；7—口模

图 12-10　套管式包覆机头

电缆表面出现流痕,影响产品质量。

12.5　片材挤出机头设计

塑料片材是人们接触较多的塑料产品之一,目前大部分的片材都采用挤出法生产。这种方法生产的特点是模具结构简单、生产过程连续进行、成本低。塑料片材被广泛地用做化工防腐、包装、衬垫、绝缘和建筑材料。市场中广泛使用的塑料板材和片材是同一类型,所用的模具结构相同,只是塑件的尺寸厚度不同而已。板材的尺寸厚度大于 1mm,最厚为 20mm;片材的尺寸厚度范围在 0.25~1mm 之间。适合片材挤出成型的塑料有聚氯乙烯(硬质与软质)、聚乙烯(高、中、低压)、聚丙烯、高抗冲聚苯乙烯、聚酰胺、聚甲醛、聚碳酸醋、醋酸纤维、丙烯酸类树脂等,其中前四种应用较多。

片材挤出成型机头有鱼尾式机头、支管式机头、螺杆式机头和衣架式机头等四种类型。片材的挤出成型特点是采用扁平狭缝机头,机头的进料口为圆形,内部逐渐由圆形过渡成狭缝形,出料口宽而薄,可以挤出各种厚度及宽度的板材及片材。熔体在挤出成型过程中沿着机头宽度方向均匀分布,而且流速相等,挤出的板材和片材厚度均匀,表面平整。

12.5.1　鱼尾式机头

鱼尾式机头因模腔的形状与鱼尾形状相似而得名,如图 12-11 所示。挤出成型过程中,熔体从机头中部进入模腔后,向两侧分流,在口模处挤出具有一定宽度和厚度的片材。由于物料在进口处压力和流速比机头两侧大,两侧比中部散热快,物料黏度增大,造成中部出料多,两侧出料少,挤出的板材和片材厚度不均匀。为避免此情况出现,获得厚度均匀一致的塑件,通常在机头的模腔内设置阻流器(如图 12-11 所示),或阻流棒(如图 12-12 所示),增

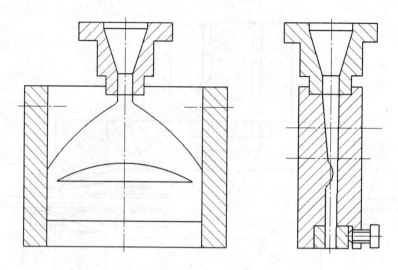

图 12-11 带阻流器的鱼尾式机头阻流棒

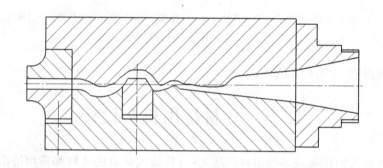

图 12-12 带阻流器和阻流棒的鱼尾式机头

大物料在机头模腔中部的流动阻力,调节模腔内料流动阻力的大小,使物料在整个口模长度上的流速相等、压力均匀。

鱼尾式机头结构简单,制造方便,可用于多种塑料的挤出成型,如聚烯烃类塑料、聚氯乙烯和聚甲醛等,片材的幅宽一般小于 500mm,厚度小于 3mm,不适于挤出宽幅板、片材,鱼尾的扩张角不能太大,通常取 80°左右。

12.5.2 支管式机头

支管式机头模腔的形状是管状的,机头的模腔中有一个纵向切口与口模区相连,管状模腔与口模平行,可以贮存一定量的物料,同时使进入模腔的料流稳定并均匀地挤出宽幅塑件

支管式机头的特点是机头体积小,重量轻,模腔结构简单,温度较易控制,容易制造加工,可以成型的板材和片材幅宽较大,宽度可以调整,因此应用广泛。一般聚乙烯、聚丙烯、聚酯等板材和片材采用这种机头挤出成型。

根据支管式机头的结构形式及进料位置的不同,支管式机头分为以下几种常用结构形式。

1. 直支管式机头

中间进料直支管式机头如图 12-13 所示,物料由支管中部进入,充满模腔后,从支管模腔的口模缝隙中挤出,塑件的宽度可由调节块进行调节。直支管式机头的特点是结构简单,幅宽能调节,能生产宽幅产品,适用于聚乙烯和聚丙烯等塑料的挤出成型,但物料在支管内停留时间长,容易分解变色,温度控制困难。

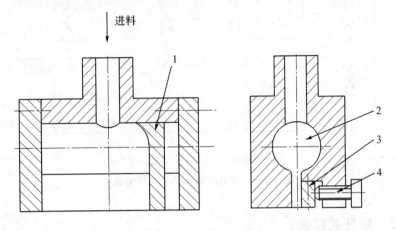

1—幅宽调节块;2—支管型腔;3—模口调节块;4—模口调节螺钉

图 12-13　中间供料的直支管机头

2. 弯支管型机头

弯支管型机头如图 12-14 所示。该机头中间进料,模腔是流线型,无死角,特别适合于熔融黏度高而热稳定性差的塑料(如聚氯乙烯)的成型,但机头制造困难,幅宽不能调节。

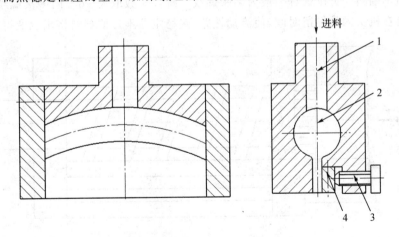

1—进料口;2—弯支管型模腔;3—模口调节螺钉;4—模口调节块

图 12-14　中间进料的弯支管型机头

3. 带有阻流棒的双支管型机头

带有阻流棒的双支管型机头如图 12-15 所示,这种机头用于加工熔融黏度高的宽幅板片材,阻流棒的作用是用来调节流量,限制模腔中部塑料熔体的流速,使宽幅板材和片材的壁厚均匀性提高,成型幅宽可达 1000～2000mm,但塑料熔体在支管模腔内停留时间较长,易过热分解,故特别适合于非热敏性塑料的成型。

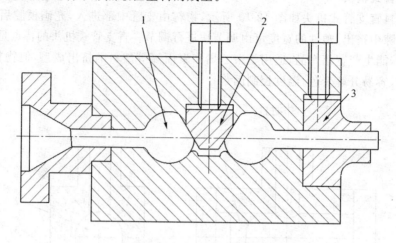

1—支管模腔;2—阻流棒;3—模口调节块

图 12-15 带有阻流棒的双支管型机头

12.5.3 螺杆式机头

螺杆式机头义称螺杆分配式机头,与支管型机头相似,区别是在机头内插入一根分配螺杆,如图 12-16 所示。螺杆由电动机带动旋转,可以进行无级调速,物料不会停滞在支管内,由于螺杆均匀地将物料分配到机头整个宽度上,可以通过螺杆转速的变化调整板材的厚度。分配螺杆直径比挤出机螺杆直径小一些,主螺杆的挤出量大于分配螺杆的挤出量才能使板材连续挤出不断料。分配螺杆一般为多头螺纹。螺纹头数取 4～6。因多头螺纹挤出童大,可减少物料在机头内的停留时间,使流动性差、热稳定性不好的塑料挤出也变得容易。

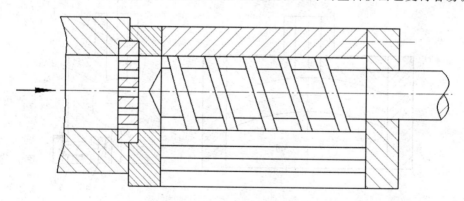

图 12-16 螺杆分配式机头

螺杆机头的温度控制比鱼尾形机头容易。由于分配螺杆的转动,塑料熔体在机头内流动时,受剪切、摩擦作用产生热量,使熔体温度升高,进一步塑化,机头的温度从进料口到出料口应逐渐降低。螺杆机头的缺点是物料在模腔内运动发生变化,由圆周运动变为直线运动,制品容易出现波浪形痕迹。

项目实践篇

第13章 二板模设计

13.1 二板模设计流程

二板模设计流程如图 13-1 所示。

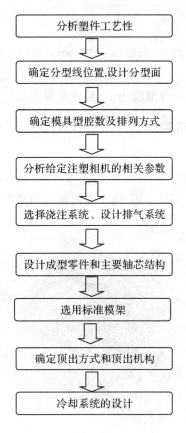

图 13-1 二板模设计流程

下面以盒型塑件的二板模具设计为例说明。

13.1.1 盒型塑件工艺性分析

盒型塑件如图 13-2 所示,材料采用 ABS 结构分析:产品顶部有一破孔,分型线部分有一曲线,因此分型面不是平面结构。

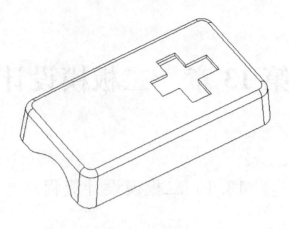

图 13-2　产品结构图

（1）外形尺寸

该塑件外形尺寸为 154×84×30，壁厚为 2.5mm，如图 13-2 所示。

（2）脱模斜度

ABS 属于无定型塑料，成型收缩较小，该塑件脱模斜度周圈均匀都为 2°。

13.1.2　拟定模具的结构形式

1. 分型面位置的确定

通过对塑件结构形式的分析，根据分型面选择原则，分型面应选在产品截面积最大的位置，其具体分型位置如图 13-3 所示。图 13-3 为根据分型线分析后所做的分型面。

图 13-3　分型面设计

2. 型腔数量和排列方式的确定

（1）型腔数量的确定

型腔数量的确定可参见 4.1 节。

该塑件外形尺寸较大，考虑到模具结构尺寸的大小关系，以及制造费用和各种成本费等因素,所以定为一模一腔的结构形式。

(2)模具结构形式的确定

从上面的分析可知,本模具设计为一模一腔。塑件内部空间较大,而且顶出阻力主要集中于塑件四周侧壁,因此可以容纳顶针等常规的顶出结构。

由于该塑件尺寸较大,浇口考虑设计在产品顶面加工大浇口。

模架方面,由上综合分析可确定为单分型面模架,因此选用龙记模架的 AI 型大水口模架比较适合。

3. 注射机型号的确定

注射机与模具的配合参数校核参见 4.2 节。

(1)注射量的计算

通过三维软件建模设计分析计算得:

塑件体积:$V_{塑}=54.5cm^3$

塑件质量:$m_{塑}=\rho V_{塑}=54.5\times1.02g=55.59g$

式中,ρ 参考相关资料取 $1.02g/cm^3$。

(2)浇注系统凝料体积的初步估算

浇注系统的凝料在设计之前是不能确定准确的数值,但是可以根据经验按照塑件体积的 $0.2\sim1$ 倍来计算。由于本次采用的是一点进浇,无分流道,因此浇注系统的凝料按塑件体积的 0.2 倍来估算,估算一次注入模具型腔塑料的总体积(即浇注系统的凝料+塑件体积之和)为:

$$V_{总}=V_{塑}(1+0.2)=54.5\times1.2cm^3=65.4cm^3$$

(3)选择注射机

根据第二步计算得出一次注入模具型腔的塑料总质量 $V_{总}=65.4cm^3$,要与注塑机理论注射量的 0.8 倍相匹配,这样才能满足实际注塑的需要。注塑机的理论注射量为:

$$V_{注塑机}=V/0.8cm^3=65.4/0.8cm^3=81.75cm^3$$

因此初步选定注射机理论注射容量为 $131cm^3$,注射机型号为 HTF(海天)86 卧式注射机,其主要技术参数见表 13-1。

表 13-1 注射机技术参数

理论注射容量/cm³	131	开模行程/mm	310
螺杆直径/mm	34	最大模具厚度/mm	360
注射压力/MPa	206	最小模具厚度/mm	150
注射速率/g·s⁻¹	337	顶出行程/mm	100
锁模力/kN	860	顶出力/kN	33
拉杆内间距/mm	360×360	最大油泵压力/MPa	17.5

(4)注射机的相关参数的校核

1)注射压力校核

ABS 所需的注射压力为 $80\sim110MPa$,这里取 $p_0=100MPa$,该注射机的公称注射压力 $p_公=206MPa$,注射压力安全系数 $k_1=1.25\sim1.4$,这里取 $k_1=1.4$,则:

$$k_1p_0=1.4\times100=140<p_公$$

所以,注射机注射压力合格。

2)锁模力校核

塑件在分型面上的投影面积 $A_塑$,通过 3D 软件计算出投影面积为:

$$A_塑 = 11747.5 \text{mm}^2$$

浇注系统在分型面上的投影面积,因为该塑件分流道面积小,投影面积不是很大,所以可以不计。

塑件和浇注系统在分型面上总的投影面积 $A_总$,由于 $A_浇$ 不计,侧

$$A_总 = A_塑 = 11747.5 \text{mm}^2$$

3)模具型腔内的熔料压力 $F_胀$,侧

$$F_胀 = A_总 \, p_模 = 11747.5 \times 56 \text{N} = 657860 \text{N} = 657.860 \text{kN}$$

式中,$P_模$ 是型腔的平均计算压力值。$P_模$ 通常取注射压力的 $20\% \sim 40\%$,大致范围为 $37 \sim 74 \text{MPa}$。对于黏度较大、精度较高的塑件应取较大值。ABS 属于中等黏度塑料及有精度要求的塑件,$P_模$ 取 56MPa。

查表 13-1 可得该注射机的公称锁模力 $F_锁 = 860 \text{kN}$,锁模力安全系数为 $k_2 = 1.1 \sim 1.2$,这里取 $k_2 = 1.2$,侧

$$k_2 F_胀 = 1.2 F_胀 = 657.86 \times 1.2 = 789.43 < F_锁$$

所以,注射机锁模力合格。

对于其他安装尺寸的校核要等到模架选定,结构尺寸确定后方可进行。

13.1.3 浇注系统设计

1. 浇口的位置选择

由于该模具是一模一腔,为考虑塑料在模腔内的顺利流动,浇口初定为大浇口,为了平衡浇注系统,因此,浇口选择在模具的中心位置,如图 13-4 所示。

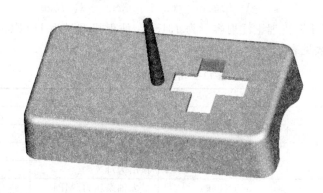

图 13-4 浇注系统设计

2. 冷料穴的设计

冷料穴的作用是储存因两次注射间隔而产生的冷料头及熔体流动的前锋冷料,防止熔体冷料进入型腔,影响塑件的质量。在主流道末端设计有冷料井。

3. 定位圈设计

定位圈采用标准件,具体参数为:外径 Φ100mm,内径 Φ35mm(与浇口套外径形成配合)。定位圈与浇口套的配合如图 13-5 所示。

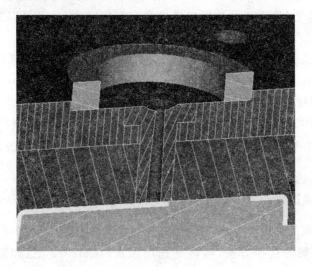

图 13-5　定位圈与浇口套的配合

13.1.4　成型零件结构设计

1. 成型零件的结构设计

(1)型腔件的结构设计

型腔件是成型塑件的外表面的成型零件。按型腔结构的不同可将其分为整体式、整体嵌入式、组合式和镶拼式四种。本设计中采用整体式型腔,如图 13-6 所示。

图 13-6　型腔件结构

劈空面

图 13-7　型芯件结构

(2)型芯件的结构设计

型芯是成型塑件内表面的成型零件,通常可以分为整体式和组合式两种类型。通过对塑件的结构分析,本设计中采用整体型腔,如图 13-7 所示。

该型芯结构特点为：

由于产品的包围面积比较大，在产品的内部存在着面积比较大的分型面。要有效地减少模具在成型过程中产生毛刺或飞边，就必须减少分型面的配合面，这样可以使单位面积的分型面（型腔与型芯之间）受到的注射机锁模力有效地增大，从而可以减少毛刺或飞边的产生。

为了有效地减少分型面的配合，该模具在定模边没有对分型面作修改，只在动模型芯中对分型面作了透刀处理：沿着分型线向外 25mm 的范围全部下沉 0.5mm。如图 13-7 所示。

2. 成型零件钢材选用

根据成型塑件的综合分析，该塑件的成型零件要有足够的刚度、强度、耐磨性及良好好的抗疲劳性能，同时考虑它的机械加工性能和抛光性能，所以构成型腔的凹模和凸模选用 718H（美国牌号）。

13.1.5　模架选取

根据整体嵌入式的外形尺寸，塑件进浇方式为大浇口进浇，又考虑导柱、导套的布置等，再同时参考注射模架的选择方法，可确定选用大水口 AI2025 型（即宽×长＝200mm×250mm）模架结构。

1. 各模板尺寸的确定

（1）定模板尺寸

由于定模是整体式，因此定模板就是型腔件，加上整体式型腔件上还要开设冷却水道，定模板上需要留出足够的距离引出水路，且也要有足够的强度，故定模板厚度取 62mm。

（2）动模板尺寸

具体选取方法与定模板相似，由于动模板下面是模脚，中间为推板，特别是注射时，要承受很大的注射压力，所以相对定模板来讲相对厚一些，故动模板厚度取 90mm。

（3）模脚尺寸

模脚高度＝顶出行程＋推板厚度＋顶出固定板厚度＋5mm＝20＋20＋15＋5＝60，所以初定模脚为 60mm。

经上述尺寸的计算，模架尺寸已经确定为 AI4550 模架。其外形尺寸：宽×长×高＝450mm×500mm×380mm，如图 13-8 所示。

2. 模架各尺寸的校核

根据所选注射机来校核模具设计的尺寸。

（1）模具平面尺寸

250mm×260＜360mm×360mm（拉杆间距），校核合格。

（2）模具高度尺寸

150mm＜172mm＜360mm（模具的最大厚度和最小厚度），校核合格。

（3）模具的开模行程

57mm（凝料长度）＋2×30mm（2 倍的产品高度）＋10mm（塑件推出余量）＝127mm＜310mm（注射机开模行程）

校核合格。

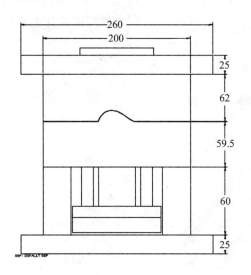

图 13-8　模架图

13.1.6　排气设计

当塑料熔体充填型腔时,必须有序地排出型腔内的空气及塑料受热产生的气体。如果气体不能被顺利地排出,塑件会由于充填不足而出现气泡、接缝或表面轮廓不清等缺点;甚至因气体受压而产生高温,使塑料焦化。该模具利用配合间隙排气的方法,即利用分型面之间的间隙进行排气,并利用推板与型芯之间的配合间隙进行排气。

13.1.7　顶出机构设计

由于塑件的推出阻力集中在产品的侧壁处,所以采用圆顶杆顶出,顶出力可以均匀分布在塑件的周圈包紧力较大的位置。在塑件侧壁处设计有六根直径 10mm 的圆顶杆,如图 13-9 所示。

13.1.8　冷却系统设计

ABS 属于中等黏度材料,其成型温度及模具温度分别为 200℃和 50～80℃。所以,模具温度初步选定为 50℃,用常温水对模具进行冷却。

冷却系统设计时忽略模具因空气对流、辐射以及与注射机接触所散发的热量,按单位时间内塑料熔体凝固时所放出的热量应等于冷却水所带走的热量。

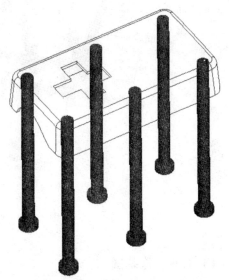

图 13-9　顶出机构

型腔的成型面积比较平坦,比较适合直通式冷却回路,如图 13-10 所示。而动模部分的镶块比较高,适合加工隔板式冷却水槽,如图 13-11 所示,并在冷却水槽周围设计上密封圈,对水路的运行进行有效的密封。

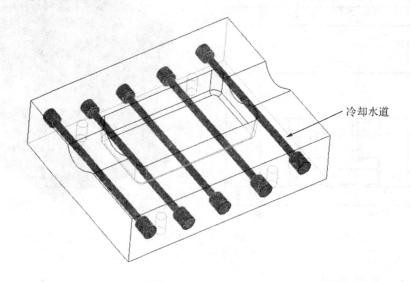

图 13-10　型腔冷却回路截面图

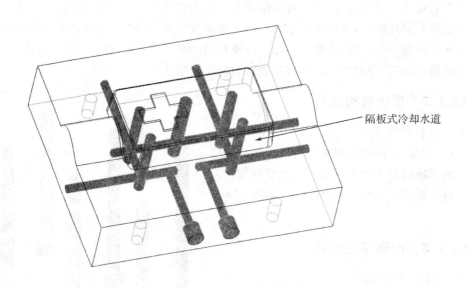

图 13-11　型芯冷却回路截面图

13.1.9　总装图

经过上述一系列的分析与设计,最后通过 3D 软件设计全三维模具总装图来表示模具的结构,如图 13-12、图 13-13 所示。

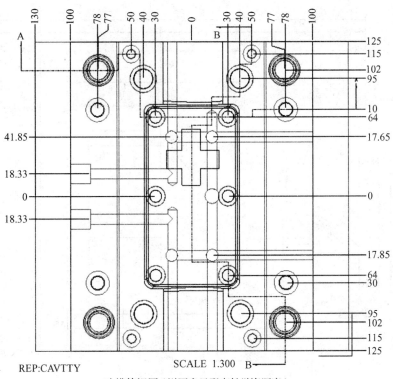

REP:CAVTTY   SCALE 1.300   B

动模俯视图（详图参见配套教学资源库）

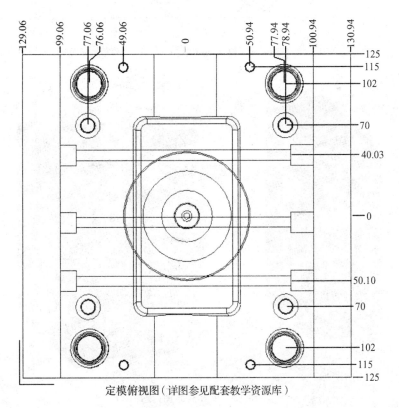

定模俯视图（详图参见配套教学资源库）

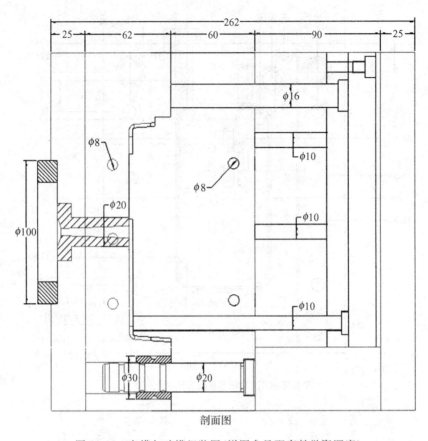

剖面图

图 13-12 定模与动模组装图(详图参见配套教学资源库)

图 13-13 模具总装图(爆炸图)

13.2 塑胶紧固件模具设计

13.2.1 塑件工艺性分析

本设计实例为塑料紧固件,如图 13-14 所示。塑件环绕面积比较,塑件的质量要求是不允许有裂纹和变形缺陷;脱模斜度 2°;塑件材料 ABS;产品大批量生产,塑件公差按模具设计要求进行转换。

1. 外形尺寸

该塑件外形尺寸为 266.5×175.8×12,壁厚为 2.4mm,如图 13-14、图 13-15 所示。

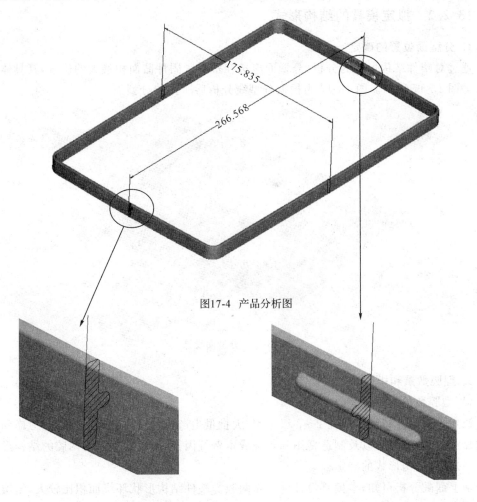

图17-4 产品分析图

图 13-15 壁厚详图

2. 脱模斜度

ABS 属于无定型塑料,成型收缩较小,该塑件脱模斜度周圈均匀都为 2°(图 13-16 为塑件斜度分析)。

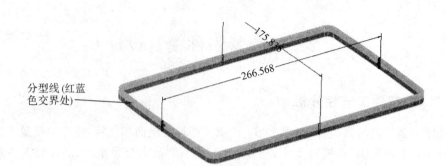

分型线(红蓝色交界处)

图 13-16　脱模斜度分析(内外表面)

13.2.2　拟定模具的结构形式

1. 分型面位置的确定

通过对塑件结构形式的分析,分型面应选在塑料紧固件截面积最大的位置,其具体分型位置如图 13-17 所示。图 13-17 为根据分型线分析后所作的分型面。

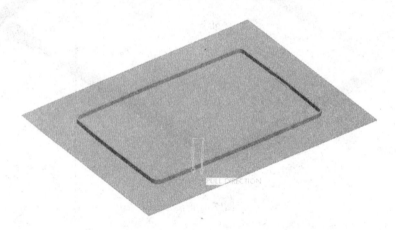

图 13-17　分型面设计

2. 型腔数量和排列方式的确定

(1)型腔数量的确定

该塑件采用的精度一般在 2~3 级之间,大批量生产,但塑件外形尺寸较大,考虑到模具结构尺寸的大小关系,以及制造费用和各种成本费等因素,所以定为一模两腔的结构形式。

(2)模具结构形式的确定

从上面的分析可知,本模具设计为一模两腔。塑件结构形状环绕面积比较大,但塑件内部空间较小,无法容纳顶针等常规的顶出结构,要增大顶出力,只有扩大顶出面积,因此该紧固件采用推板顶出比较合适。

由于该塑件尺寸较大,又设计为一模两腔。浇口可以考虑设计在分型面上加工侧浇口,但是由于产品生产批量比较大,侧浇口的冷料必须要经过后处理,显然会影响生产效率,所以不适合用侧浇口进浇。潜伏式浇口可以在分模后自动剪断浇口,对于加快生产效率显然比较有利,另外对于产品的装配也没有影响,所以最终确定为潜伏式浇口进浇。

模架方面,由上综合分析可确定为动模带推板的单分型面模架,因此选用龙记模架的 DI 型大水口模架比较适合。

3. 注射机型号的确定

(1)注射量的计算

通过三维软件建模设计分析计算得

塑件体积:$V_{塑} = 23.85 cm^3$

塑件质量:$m_{塑} = \rho V_{塑} = 23.85 \times 1.02 g = 24.32 g$

式中,ρ 参考相关资料取 $1.02 g/cm^3$。

(2)浇注系统凝料体积的初步估算

浇注系统的凝料在设计之前是不能确定准确的数值,但是可以根据经验按照塑件体积的 $0.2\sim1$ 倍来计算。由于本次采用的是两点进浇,分流道简单并且较短,因此浇注系统的凝料按塑件体积的 0.2 倍来估算,估算一次注入模具型腔塑料的总体积(即浇注系统的凝料 +塑件体积之和)为:

$$V_{总} = 2 * V_{塑}(1+0.2) = 2 * 24.32 \times 1.2 cm^3 = 58.37 cm^3$$

(3)选择注射机

根据第二步计算得出一次注入模具型腔的塑料总质量 $V_{总} = 58.37 cm^3$,要与注塑机理论注射量的 0.8 倍相匹配,这样才能满足实际注塑的需要。注塑机的理论注射量为:

$$V_{注塑机} = V/0.8 cm^3 = 58.37/0.8 cm^3 = 72.96 cm^3$$

考虑到该紧固件注射模为一模两腔,要求的注射量较小,但是产品的包围面积比较大,模具体积比较大。因此初步选定注射机理论注射容量为 $1181 cm^3$,注射机型号为 HTL(海太)320 卧式注射机,其主要技术参数见表 13-2。

表 13-2 注射机技术参数

理论注射容量/cm^3	1181	开模行程/mm	660
螺杆直径/mm	67	最大模具厚度/mm	720
注射压力/MPa	186	最小模具厚度/mm	250
注射速率/$g \cdot s^{-1}$	337	顶出行程/mm	160
锁模力/kN	3200	顶出力/KN	70
拉杆内间距/mm	660×660	最大油泵压力/MPa	16

(4)注射机的相关参数的校核

①注射压力校核

ABS 所需的注射压力为 $80\sim110 MPa$,这里取 $p_0 = 100 MPa$,该注射机的公称注射压力 $p_公 = 186 MPa$,注射压力安全系数 $k_1 = 1.25\sim1.4$,这里取 $k_1 = 1.4$,则:

$$k_1 p_0 = 1.4 \times 100 = 140 < p_公$$

所以,注射机注射压力合格。

②锁模力校核

塑件在分型面上的投影面积 $A_{塑}$,通过 3D 软件计算出投影面积为:

$$A_{塑} = 2252.06 mm^2$$

浇注系统在分型面上的投影面积,因为该塑件分流道面积小,投影面积不是很大,所以可以不计。

塑件和浇注系统在分型面上总的投影面积 $A_总$，由于 $A_浇$ 不计，侧

$$A_总 = A_塑 = 2252.06 \text{mm}^2$$

③模具型腔内的熔料压力 $F_胀$，侧

$$F_胀 = A_总 \ p_模 = 2 \times 2252.06 \times 56 \text{N} = 252230.72 \text{N} = 252.23072 \text{kN}$$

式中，$P_模$ 是型腔的平均计算压力值。$P_模$ 通常取注射压力的 20%～40%，大致范围为 37～74MPa。对于黏度较大、精度较高的塑件应取较大值。ABS 属于中等黏度塑料及有精度要求的塑件，$P_模$ 取 56MPa。

查表 13-2 可得该注射机的公称锁模力 $F_锁 = 3200 \text{kN}$，锁模力安全系数为 $k_2 = 1.1$～1.2，这里取 $k_2 = 1.2$，侧

$$k_2 F_胀 = 1.2 F_胀 = 252.23 \times 1.2 = 302.68 < F_锁$$

所以，注射机锁模力合格。

对于其他安装尺寸的校核要等到模架选定，结构尺寸确定后方可进行。

13.2.3　浇注系统设计

1. 浇口的位置选择

由于紧固件模具是一模两腔，浇口初定为潜伏式浇口，为了平衡浇注系统，因此，浇口选择在模具的中心位置，如图 13-18 所示。

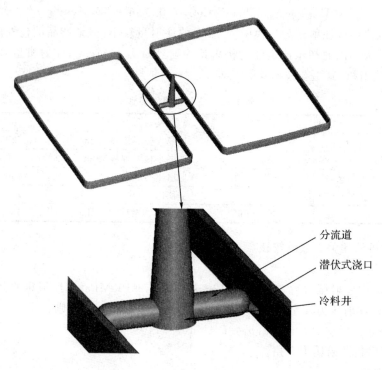

分流道

潜伏式浇口

冷料井

图 13-18　浇注系统设计

2. 流道的设计

流道的设计包括主流道设计和分流道设计两部分。

主流道通常位于模具中心塑料熔体的入口处,它将注射机喷嘴注射出的熔体导入分流道或型腔中。主流道的形状为圆锥形,以便熔体的流动和开模时主流道凝料的顺利拔出。主流道的尺寸直接影响到熔体的流动速度和充模时间。另外,由于其与高温塑料熔体及注射机喷嘴反复接触,因此设计中常设计成可拆卸更换的浇口套。还有主流道要尽可能短,减少熔料在主流道中的热量和压力损耗。图 13-19 为紧固件注射模主流道浇口套的结构图。

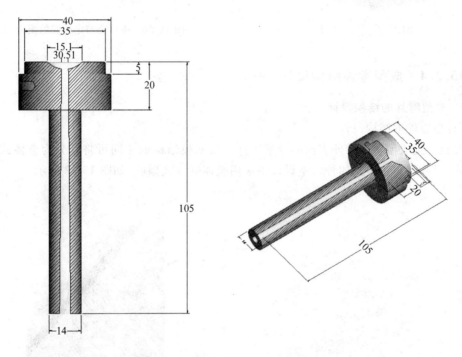

图 13-19　主流道衬套标准件

分流道是主流道与浇口之间的通道。在多型腔的模具中分流道必不可少。在分流道的设计时应考虑尽量减小在流道内的压力损失和尽可能避免温度的降低,同时还要考虑减小流道的容积。因此,该分流道设计为直径 $\Phi 8$mm,长度 41mm 的圆形截面,如图 13-18 所示。

3. 冷料穴的设计

冷料穴的作用是储存因两次注射间隔而产生的冷料头及熔体流动的前锋冷料,防止熔体冷料进入型腔,影响塑件的质量。由于该塑件为两点进浇,浇口为潜伏式浇口。因此只在主流道末端设计有冷料井,如图 13-18 所示。

4. 定位圈设计

定位圈采用标准件,具体参数为:外径 $\Phi 100$mm,内径 $\Phi 35$mm(与浇口套外径形成配合)。如图 13-20 所示。定位圈与浇口套的配合如图 13-21 所示。

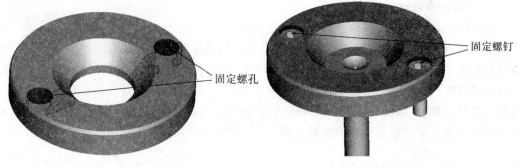

图 13-20 定位圈设计   图 13-21 浇口套与定位圈的配合

13.2.4 成型零件结构设计

1. 成型零件的结构设计

（1）型腔件的结构设计

型腔件是成型塑件的外表面的成型零件。按凹模结构的不同可将其分为整体式、整体嵌入式、组合式和镶拼式四种。本设计中采用整体嵌入式型腔，如图 13-22 所示。

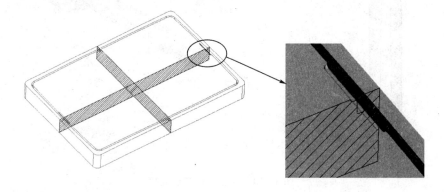

图 13-22 型腔件结构

（2）型芯件的结构设计

型芯是成型塑件内表面的成型零件，通常可以分为整体式和组合式两种类型。通过对塑件的结构分析，本设计中采用整体嵌入式型芯，如图 13-23 所示。

该型芯结构特点为：

1）型芯脱模斜度设计

由于该模具采用推板式顶出，为了减少型芯与推板之间的磨损，因此型芯部分设计为脱模斜度，这样可以很大程度上减少与推板之间的摩擦，从而增大了模具寿命，斜度设计如图 13-23 所示。

2）型芯分型面设计方式

由于产品的包围面积比较大，在产品的内部存在着面积比较大的分型面。要有效地减少模具在成型过程中产生毛刺或飞边，就必须减少分型面的配合面，这样可以使单位面积的分型面（型腔与型芯之间）受到的注射机锁模力有效地增大，从而可以减少毛刺或飞边的

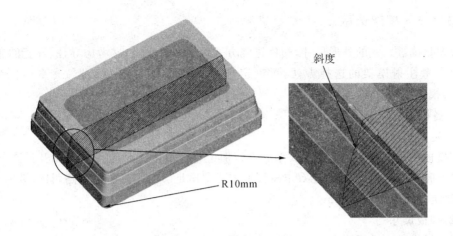

斜度

R10mm

图 13-23 型芯件结构设计

产生。

为了有效地减少分型面的配合,该模具在定模边没有对分型面作修改,只在动模型芯镶块中对内分型面作了透刀处理:沿着分型线向内 25mm 的范围全部下沉 0.2mm。如图13-24所示。

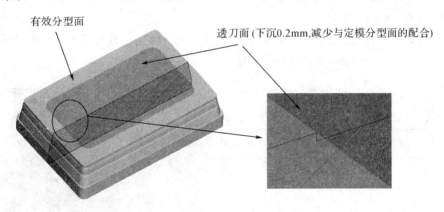

有效分型面

透刀面(下沉0.2mm,减少与定模分型面的配合)

图 13-24 分型面透刀

3)型芯件的固定方式

型芯件的固定方式,采用整体镶拼式,整体固定在动模固定板的模框内,螺钉固定在型芯件的四角位置。为了降低加工量,将型芯的四角设计成圆角(R 为 10mm),如图 13-23所示。

2. 成型零件钢材选用

根据成型塑件的综合分析,该塑件的成型零件要有足够的刚度、强度、耐磨性及良好好的抗疲劳性能,同时考虑它的机械加工性能和抛光性能,所以构成型腔的嵌入式凹模和凸模选用 718H(美国牌号)。

13.2.5 模架选取

根据整体嵌入式的外形尺寸,塑件进浇方式为潜伏式进浇,又考虑导柱、导套的布置等,再同时参考注射模架的选择方法,可确定选用大水口 DI4355 型(即宽×长＝430mm×550mm)模架结构。

1. 各模板尺寸的确定

(1)定模板尺寸

定模板要开框装入整体嵌入式型腔件,,加上整体嵌入式型腔件上还要开设冷却水道,嵌入式型腔件高度为 26mm,还有定模板上需要留出足够的距离引出水路,且也要有足够的强度,故定模板厚度取 70mm。

(2)推板尺寸

紧固件模具为推板顶出,因此模架中设置一块推板,由于推板必须要铣出通槽,因此高度不能太高,否则会影响加工量,因此推板厚度为 40mm。

(3)动模板尺寸

具体选取方法与定模板相似,由于动模板下面是模脚,中间为推板,特别是注射时,要承受很大的注射压力,所以相对定模板来讲相对厚一些,故动模板厚度取 100mm。

(4)模脚尺寸

模脚高度＝顶出行程＋推板厚度＋顶出固定板厚度＋5mm＝40＋30＋25＋5＝100,所以初定模脚为 100mm。

经上述尺寸的计算,模架尺寸已经确定为 DI4550 模架。其外形尺寸:宽×长×高＝450mm×500mm×380mm,如图 13-25 所示。

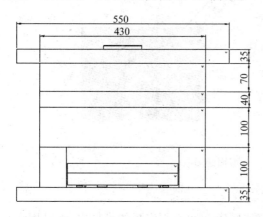

图 13-25　模架图

2. 模架各尺寸的校核

根据所选注射机来校核模具设计的尺寸。

(1)模具平面尺寸

500mm×500＜660mm×660mm(拉杆间距),校核合格。

(2)模具高度尺寸

250mm＜380mm＜720mm(模具的最大厚度和最小厚度),校核合格。

（3）模具的开模行程

105mm（凝料长度）＋2×12mm（2 倍的产品高度）＋10mm（塑件推出余量）＝139mm＜660mm（注射机开模行程）

校核合格。

13.2.6　排气设计

当塑料熔体充填型腔时，必须有序地排出型腔内的空气及塑料受热产生的气体。如果气体不能被顺利地排出，塑件会由于充填不足而出现气泡、接缝或表面轮廓不清等缺点；甚至因气体受压而产生高温，使塑料焦化。该模具利用配合间隙排气的方法，即利用分型面之间的间隙进行排气，并利用推板与型芯之间的配合间隙进行排气（如图 13-26 所示）。

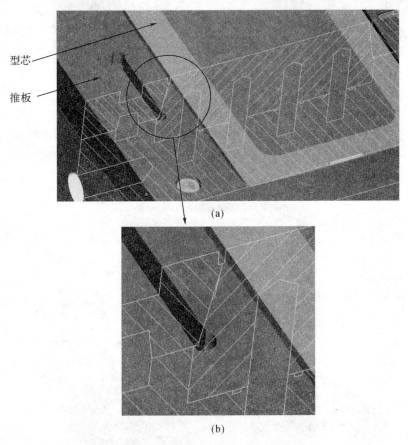

图 13-26　推板与型芯之间的间隙

13.2.7　推出机构设计

由于塑件比较狭长且截面积比较小，所以采用推板顶出，顶出力可以均匀分布在塑件的周圈包紧力较大的位置。

该推板的结构设计特点为：

（1）型芯与推板的配合面设计有脱模斜度 10°，这样有利于推板顶出时，避开了与动模型芯固定部分之间的摩擦，如图 13-27（b）所示。

（2）型芯的结构上除了与推板有一段距离的配合面（保证封料的距离）之外，与成型无关的地方作了透刀处理（减少了型芯与推板之间不必要的配合），如图 13-27（b）。

（3）型芯与推板的分型线设计在紧固件的底部，避开了产品边缘位置，这样也避免了顶出时与动模型芯成型部分之间的摩擦，从而保护了型芯与推板的型面，如图 13-27（c）。

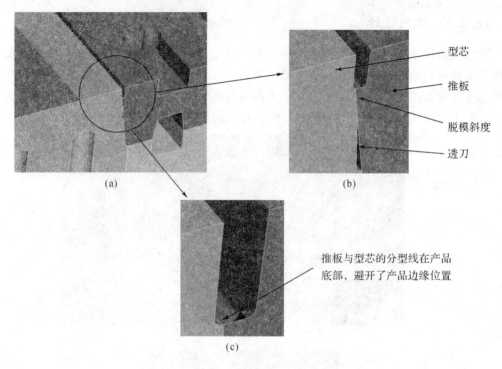

图 13-27　推板与型芯的配合

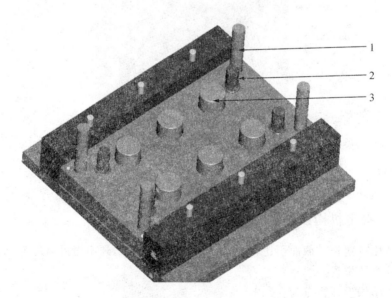

1—顶板（顶推板）；2—推板导柱；3—支承柱

图 13-28　顶出机构局部图

此外,为了顶出推板,在顶出固定板里设计了四根直径 Φ30mm 的顶杆。并在推板空间范围设计了六根直径 Φ60mm 的支承柱,目的是加强动模板的强度,可以抵抗塑料熔体对动模板的注射压力,增强模具的寿命,如图 13-28 所示。

13.2.8　冷却系统设计

ABS 属于中等黏度材料,其成型温度及模具温度分别为 200℃和 50～80℃。所以,模具温度初步选定为 50℃,用常温水对模具进行冷却。

冷却系统设计时忽略模具因空气对流、辐射以及与注射机接触所散发的热量,按单位时间内塑料熔体凝固时所放出的热量应等于冷却水所带走的热量。

图 13-29 所示即为该紧固件注射模具的冷却回路设计图。

型腔的成型面积比较平坦,比较适合直通式冷却回路,如图 13-29 所示。而动模部分的镶块比较高,适合加工隔板式冷却水槽,如图 13-29 所示,并在冷却水槽周围设计上密封圈,对水路的运行进行有效的密封。

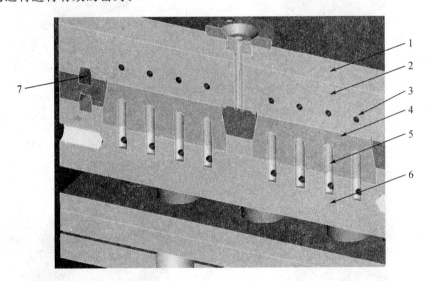

1—定模座板;2—定模板;3—直通式水道;4—动模型芯;5—隔板式冷却水道;6—动模板;7—锥面定位组件

图 13-29　紧固件模具冷却回路截面图

13.2.9　导向与定位设计

模具的导向与定位设计知识点参见 7.1 与 7.2 节。

注射模的导向定位机构用于动、定模之间的开合模导向定位和脱模机构的运动导向定位。按作用分为模外定位和模内定位。模外定位是通过定位圈使模具的浇口套能与注射机喷嘴精确定位;而模内定位机构则通过导柱导套进行合模定位。锥面定位则用于动、定模之间的精密定位。

本模具所成型的塑件尺寸较大,为了确保产品成型的精度,除了采用模架本身所带的导向定位结构,还采用八组锥面定位组件;其中四组组件对推板与动模板之间进行定位,另外四组组件对推板与定模板之间进行定位,如图 13-29 所示。

13.2.10　总装图

经过上述一系列的分析与设计,最后通过 3D 软件设计全三维模具总装图来表示模具的结构,如图 13-30、图 13-31 所示。

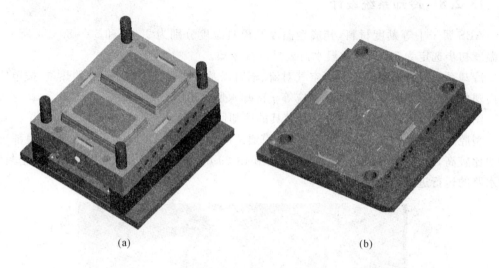

(a)   (b)

图 13-30　定模与动模组装图

图 13-31　模具总装图(爆炸图)

13.3 测量端子多型腔模具设计

13.3.1 塑件工艺性分析

本设计实例为测量端子,如图 13-32 所示。塑件尺寸较小,但是结构比较复杂,内部设计有倒扣和侧孔。塑件的质量要求是不允许有裂纹和变形缺陷;塑件材料为尼龙 66＋30％玻纤;产品大批量生产,塑件公差按模具设计要求进行转换。

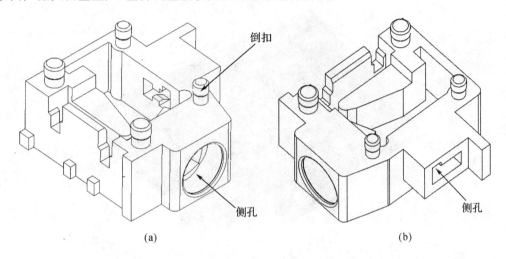

图 13-32 产品分析图

(1)外形尺寸

该塑件外形尺寸为 13×12.6×6.5,壁厚分布范围 0.7～2mm,局部壁厚较厚。

(2)成型工艺性分析

尼龙属于高结晶性塑料,机械强度高,添加玻纤后收缩率下降,目前所用材料的收缩率为 0.5％。

该塑件内部结构比较复杂(如图 13-32 所示):由于该端子塑件为装配件,因此内部结构设计了几处侧孔和倒扣(如图 13-32 所示)。这样使模具的结构变得比较复杂。

13.3.2 拟定模具的结构形式

1. 分型面位置的确定

通过对塑件结构形式的分析,特别是对塑件抽芯结构(主要是两面侧壁及倒扣结构)的分析,其主分型面设计如图 13-33 所示,关于抽芯位置的分型面将在下面进行讲述。

2. 型腔数量和排列方式的确定

(1)型腔数量的确定

该塑件属于小型精密制件,生产批量大,塑件外形尺寸不大,但考虑到模具结构比较复杂,以及制造费用和各种成本费等因素,所以定为一模八腔的结构形式。

（2）模具结构形式的确定

从上面的分析可知，本模具设计为一模八腔。产品内部比较平坦，筋位较多，但深度较浅，因此该中框件采用顶针顶出比较合适。

由于该塑件尺寸较大，又设计为一模两腔。如果设计为侧浇口，不仅影响外观，而且会影响生产效率，所以不适合用侧浇口进浇。如果在产品的内部设计潜伏式浇口，则即可以避免影响中框塑件外观，又可以保证塑件的生产效率，所以最终确定为潜伏式浇口进浇。

模架方面，由上综合分析可确定为单分型面（二板模）模架，因此选用龙记大水口模架中的 CI 型模架比较适合。

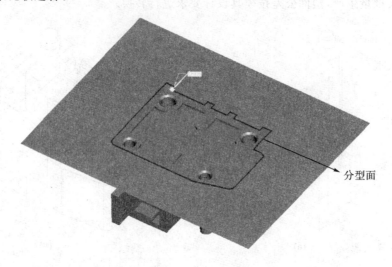

图 13-33　分型面设计

3. 注射机型号的确定

（1）注射量的计算

通过三维软件建模设计分析计算得：

塑件体积：$V_塑 = 8 \times 0.34 \text{cm}^3 = 2.72 \text{cm}^3$

塑件质量：$m_塑 = \rho V_塑 = 2.72 \times 1.02 \text{g} = 2.77 \text{g}$

式中，ρ 参考相关资料可取 1.02g/cm^3。

（2）浇注系统凝料体积的初步估算

浇注系统的凝料在设计之前是不能确定准确的数值，但是可以根据经验按照塑件体积的 $0.2 \sim 1$ 倍来计算。由于本次采用的是潜伏式浇口进浇，由于模具抽芯机构比较多，可能会导致分流道比较长，因此浇注系统的凝料按塑件体积的 0.4 倍来估算，估算一次注入模具型腔塑料的总体积（即浇注系统的凝料＋塑件体积之和）为：

$$V_总 = V_塑(1+0.4) = 2.72 \times 1.4 \text{cm}^3 = 3.81 \text{cm}^3$$

（3）选择注射机

根据第二步计算得出一次注入模具型腔的塑料总质量 $V_总 = 3.81 \text{cm}^3$，要与注塑机理论注射量的 0.8 倍相匹配，这样才能满足实际注塑的需要。注塑机的理论注射量为：

$$V_{注塑机} = V/0.8 \text{cm}^3 = 3.81/0.8 \text{cm}^3 = 4.76 \text{cm}^3$$

考虑到该端子注射模为一模八腔，要求的注射量较小，但是产品结构比较复杂，导致模具的抽芯机构比较多,因此模具体积比较大。因此初步选定注射机理论注射容量为 $137cm^3$,注射机型号为 HTL110 卧式注射机,其主要技术参数见表 13-3。

表 13-3 注射机技术参数

理论注射容量/cm^3	137	开模行程/mm	350
螺杆直径/mm	32	最大模具厚度/mm	380
注射压力/MPa	260	最小模具厚度/mm	150
注射速率/$g \cdot s^{-1}$	74	顶出行程/mm	100
锁模力/kN	1100	顶出力/kN	38
拉杆内间距/mm	360×360	最大油泵压力/MPa	16

(4)注射机的相关参数的校核

①注射压力校核

尼龙 66 所需的注射压力为 $88.2 \sim 127.4MPa$,这里取 $p_0 = 110MPa$,该注射机的公称注射压力 $p_公 = 260MPa$,注射压力安全系数 $k_1 = 1.25 \sim 1.4$,这里取 $k_1 = 1.4$,则:

$$k_1 p_0 = 1.4 \times 110 = 154 < p_公$$

所以,注射机注射压力合格。

②锁模力校核

塑件在分型面上的投影面积 $A_塑$,通过 3D 软件计算出投影面积为:

$$A_塑 = 118.64mm^2$$

浇注系统在分型面上的投影面积,因为该塑件分流道面积小,投影面积不是很大,所以可以不计。

塑件和浇注系统在分型面上总的投影面积 $A_总$,由于 $A_浇$ 不计,侧

$$A_总 = A_塑 = 118.64mm^2$$

③模具型腔内的熔料压力 $F_胀$,侧

$$F_胀 = A_总 \, p_模 = 118.64 \times 56N = 6643.84N = 6.64kN$$

式中,$P_模$ 是型腔的平均计算压力值。$P_模$ 通常取注射压力的 $20\% \sim 40\%$,大致范围为 $52 \sim 104MPa$。对于黏度较大、精度较高的塑件应取较大值。尼龙 66 属于低黏度塑料及有精度要求的塑件,$P_模$ 取 $56MPa$。

查表 2-2 可得该注射机的公称锁模力 $F_锁 = 1100kN$,锁模力安全系数为 $k_2 = 1.1 \sim 1.2$,这里取 $k_2 = 1.2$,侧

$$k_2 F_胀 = 1.2 F_胀 = 6.64 \times 1.2 = 7.97 < F_锁$$

所以,注射机锁模力合格。

对于其他安装尺寸的校核要等到模架选定,结构尺寸确定后方可进行。

13.3.3 浇注系统设计

1. 浇口的位置选择

由于端子模具是一模八腔,为了便于加工和加快生产效率,浇口初定为潜伏式浇口,另外为了不影响抽芯机构设计,潜伏式浇口选择在模具的侧面处,远离抽芯部位,如图 13-34 所示。

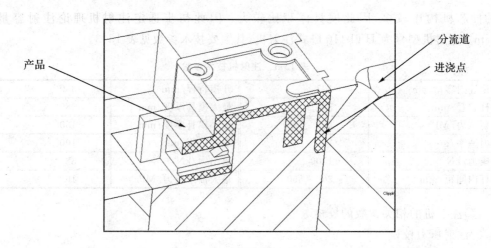

图 13-34 浇注系统设计

2. 流道的设计

流道的设计包括主流道设计和分流道设计两部分。

主流道通常位于模具中心塑料熔体的入口处,它将注射机喷嘴注射出的熔体导入分流道或型腔中。主流道的形状为圆锥形,以便熔体的流动和开模时主流道凝料的顺利拔出。主流道的尺寸直接影响到熔体的流动速度和充模时间。另外,由于其与高温塑料熔体及注射机喷嘴反复接触,因此设计中常设计成可拆卸更换的浇口套。还有主流道要尽可能短,减少熔料在主流道中的热量和压力损耗。图 13-35 为该端子注射模主流道浇口套的结构图,由于采用潜伏式浇口,模具的分流道设计在定模板的分型面处,加工比较方便。由于端子塑件尺寸较小,精度较高,因此分流道采用平衡式排布,有利于熔料平衡流动,保证各型腔产品的尺寸稳定性,如图 13-36 所示。

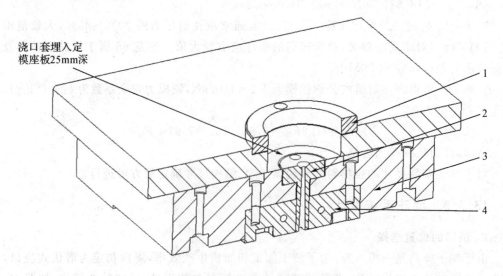

1—定位环;2—主流道衬套;3—定模板;4—型腔镶块

图 13-35 主流道衬套与定位环配合

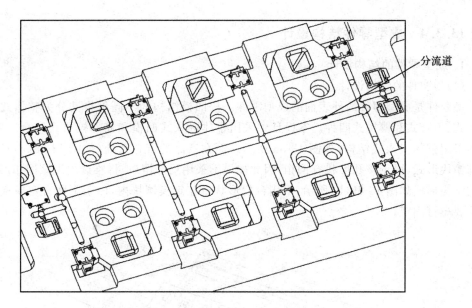

图 13-36　分流道排布形式（动模部分）

　　浇口套与定位圈的配合关系如图 13-35 所示，由于考虑到定模的强度影响，因此导致定模座板和定模板的厚度比较厚，这样导致浇口套的长度增加，而冷料的长度过长不但会导致材料的浪费，也会造成熔料热量的损失，将对产品质量造成影响。因此该模具的浇口套并没有随着模板加长，而是埋入定模座板，这样就缩短了主流道冷料的长度，但是注射机喷嘴就要加长。

3. 浇口设计

　　在实际设计过程中，进浇口大小常常先取小值，方便在今后试模时发现问题进行修模处理，尼龙 66 的理论参考值为 $1 \sim 1.4\text{mm}$，由于该塑件属于手机精密塑件，对外观要求较高，因此对该塑件进浇口先取 $\Phi 0.7\text{mm}$，如图 13-37 所示。

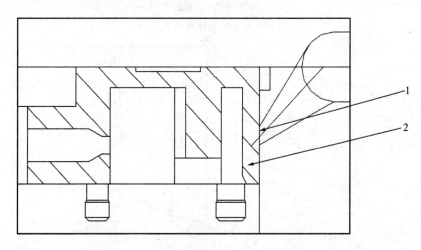

1—浇口；2—产品

图 13-37　潜伏式浇口

13.3.4 成型零件结构设计

1. 成型零件的结构设计

(1)型腔件的结构设计

型腔件是成型塑件的外表面的成型零件。按凹模结构的不同可将其分为整体式、整体嵌入式、组合式和镶拼式四种。本设计中采用整体嵌入式凹模和局部镶拼式结合。型腔的主体采用整体嵌入式结构,如图 13-38 所示。而在产品的倒扣孔处(如图 13-39(a))则采用局部镶块形式,由于该孔形状有倒扣,因此如果不采用局部镶块,将难以加工该倒扣形状,镶块的结构形式如图 13-39(b)所示,采用台肩形状镶在定模镶块内,由于下面有定模板,因此不需要螺钉固定。

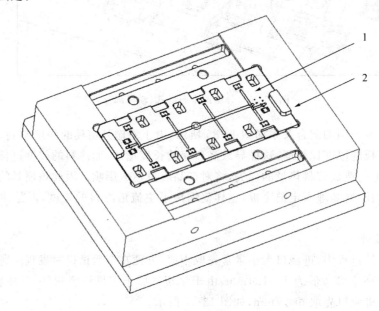

1—镶块;2—定模板

图 13-38　型腔整体嵌入式结构

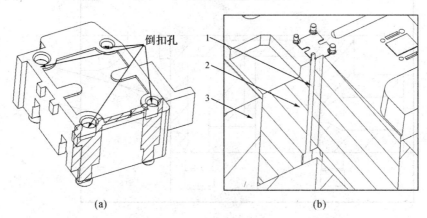

(a)　　　　　　　　　　　　　　(b)

1—小型芯镶块;2—型腔整体镶块;3—定模板

图 13-39　型腔局部镶拼结构

（2）型芯件的结构设计

型芯是成型塑件内表面的成型零件，通常可以分为整体式和组合式两种类型。通过对塑件的结构分析，本设计中采用整体嵌入式和局部镶拼式结构结合。主要分型面采用整体嵌入式结构，如图 13-40 所示。但在侧壁处（如图 13-41(a)）则采用局部镶拼式结构，这主要为了加工考虑，如果不采用局部镶拼式结构，则侧壁很难加工，即便采用电火花加工，也会造成不必要的时间浪费，因此侧壁处作镶块处理比较合适，镶块的结构采用单侧台肩（外侧）镶在型芯整体镶块内，底部用动模板固定，如图 13-41(b)所示。

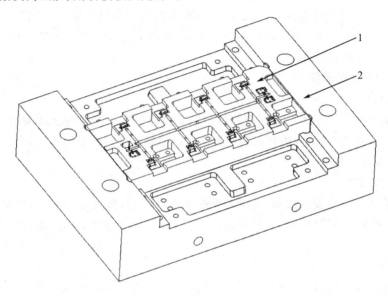

1－型芯整体镶块；2－动模板

图 13-40　型芯整体嵌入式结构

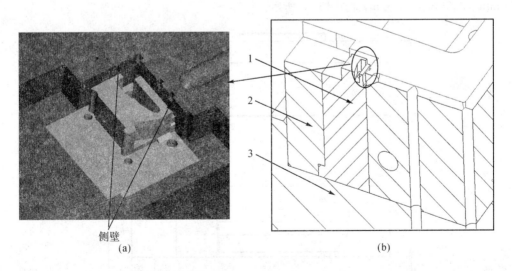

侧壁
(a)

(b)

1－小型芯镶块；2－型芯整体镶块；3－动模板

图 13-41　型芯局部镶块结构

2. 成型零件钢材选用

根据成型塑件的综合分析,该塑件属于测量端子结构件,对成型效果要求高,要求钢材具有抛光性能好,防锈防酸能力极佳,防磨损,并具有足够的刚度、强度,同时考虑它的机械加工性能和抛光性能,所以构成型腔的嵌入式凹模和凸模选用是 S136(瑞典—胜百牌号),并淬火处理到硬度 HRC48~52。

13.3.5　模架选取

根据整体嵌入式的外形尺寸,塑件进浇方式为潜伏式浇口进浇,又考虑导柱、导套的布置等,再同时参考注射模架的选择方法,可确定选用龙记大浇口 CI2535 型(即宽×长＝250mm×350mm)模架结构。

1. 各模板尺寸的确定

(1)定模板尺寸

定模板要开框装入整体嵌入式型腔件,,加上整体嵌入式型腔件上还要开设冷却水道,嵌入式型腔件高度为 36mm,还有定模板上需要留出足够的距离引出水路,且也要有足够的强度,故定模板厚度取 60mm。

(2)动模板尺寸

具体选取方法与定模板相似,由于动模板下面是模脚,特别是注射时,要承受很大的注射压力,而且必须为动模侧的抽芯机构留出导向空间,所以相对定模板来讲相对厚一些,故动模板厚度取 80mm。

(3)模脚尺寸

模脚高度＝顶出行程＋推板厚度＋顶出固定板厚度＋5mm＝40＋20＋15＋5＝80,所以初定模脚为 80mm。

经上述尺寸的计算,模架尺寸已经确定为 CI2535 模架。其外形尺寸:宽×长×高＝250mm×350mm×271mm,如图 13-42 所示。

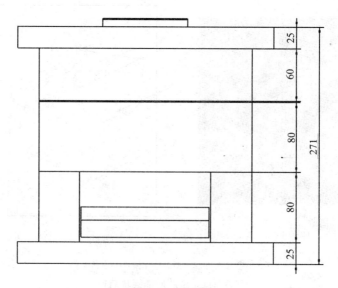

图 13-42　模架图

2. 模架各尺寸的校核

根据所选注射机来校核模具设计的尺寸。

(1)模具平面尺寸

250mm×350＜360mm×360mm(拉杆间距),校核合格。

(2)模具高度尺寸

150mm＜271mm＜380mm(模具的最大厚度和最小厚度),校核合格。

(3)模具的开模行程

60mm(凝料长度)＋2×6.5mm(2 倍的产品高度)＋10mm(塑件推出余量)＝83mm＜100mm(注射机开模行程),

校核合格。

13.3.6　抽芯机构设计

根据产品的结构分析,该端子注射模侧抽芯机构有两种,都设计在动模侧,都采用机械力抽芯。

1. 斜导柱抽芯机构

斜导柱抽芯机构的知识点参见 9.3

根据产品在模具中的位置及抽芯距的大小,如图 13-43 所示的产品侧孔位采用外侧斜导柱抽芯机构

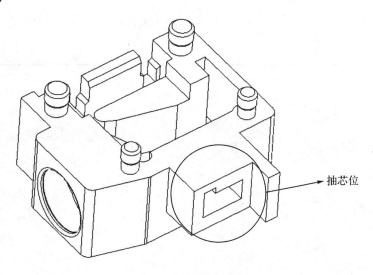

图 13-43　产品抽芯位指示

由于该抽芯位的位置在模具的外侧,因此为了加工简便,将单侧的四个抽芯位设计成一个大滑块,即四个侧型芯共用一个大滑块座,另外为了改善滑块的摩擦性能,在锁模斜楔块的侧面和动模板的底部每侧都设计了四块耐磨板,如图 13-44、图 13-45 所示。

相关的技术参数如下:

抽芯距为 6mm

斜导柱的斜角采用 18°,锁模斜楔斜角采用 20°

由于滑块座宽度比较大,因此采用两根直径 Φ12mm 的斜导柱进行驱动。
详细的斜导柱抽芯组件结构如图 13-46 所示。

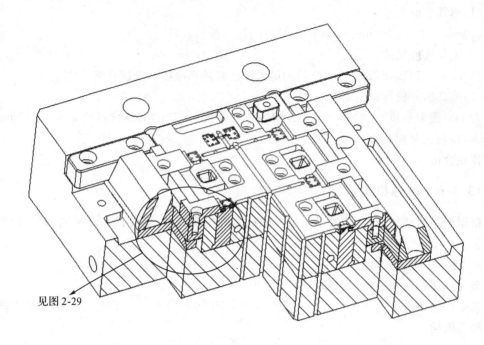

见图 2-29

图 13-44 斜导柱抽芯机构剖视图

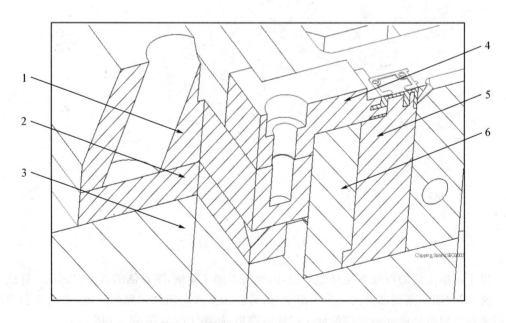

1—滑座;2—耐磨板;3—动模板;4—侧型芯;5—小型芯镶块;6—型芯镶块

图 13-45 斜导柱抽芯机构局部图

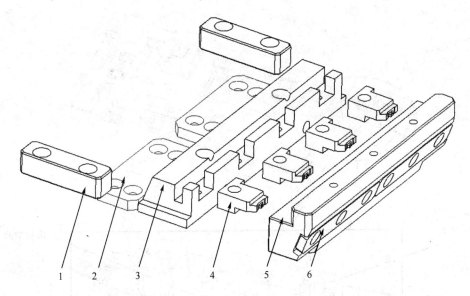

1—滑槽压板；2—耐磨板；3—滑座；4—侧型芯；5—锁模斜楔；6—耐模板

图 13-46　斜导柱抽芯机构组件分解图

2. 斜销抽芯机构

斜销抽芯机构的知识点参见 9.5。

由于产品的另外一侧抽芯形状位于模具的内侧(靠近流道)，因此抽芯空间比较有限。如果采用常规的斜导柱抽芯机构，则必须将滑座体积增大，以容纳斜导柱和滑动导向槽，这样就会导致模板尺寸增大(主要是流道部分的模板)，流道也必须相应增大，不但会造成模具钢材浪费，而且会因此流道尺寸加长给产品熔融质量造成缺陷。因此该抽芯机构可以采用斜销进行抽芯驱动，另外滑动导向部分也必须做相应改进。

斜销抽芯机构设计如图 13-47 所示。斜销(固定在型腔镶块上)即可以靠分模力驱动滑块，也可以作为锁模斜楔使用，这样节省了模板的空间。

另外由于模板内部空间比较狭窄，因此滑动导向槽也设计成单侧滑槽(如图 13-47 所示)，每个滑块只采用一块压板，单边压紧。

滑块的滑动限位依靠滑块与滑块槽之间的剩余空间进行限位，如图 13-47 所示。

斜销滑块抽芯机构的组件结构如图 13-48 所示。

13.3.7　推出机构设计

经过塑胶结构的分析可知：由于塑件内部设置有四根圆柱脚，圆柱脚还带有侧凹形状，塑胶包紧力较大，对脱模有影响(如图 13-49 所示)。因此四根圆柱脚必须采用因此采用专用顶杆顶出。

另外塑件顶出空间比较小，因此只在塑件侧壁处设计有一根顶针(如图 13-50)所示。由于顶针直径比较小(圆柱脚处顶针直径 $\Phi 1mm$，平面顶针直径 $\Phi 1.5mm$)，因此全部采用阶梯形顶针(如图 13-51 所示)。

为了保护顶针，复位杆采用了弹簧自动复位，在顶出机构里还设计了两根推板导柱，如

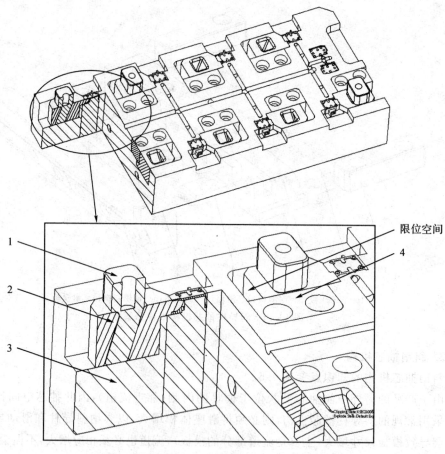

1—斜销（固定在定模上）；2—滑块；3—型芯镶块；4—压板

图 13-47　斜销抽芯机构

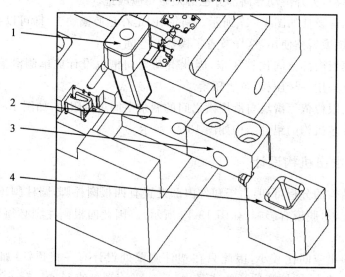

1—斜销；2—型芯镶块；3—压板；4—滑块

图 13-48　斜销抽芯机构组件分解图

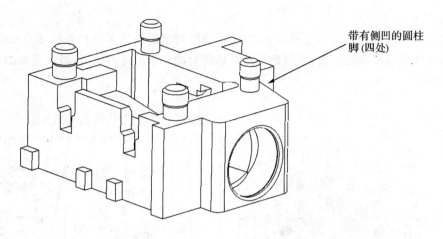

图 13-49　产品顶出位置指示

带有侧凹的圆柱
脚(四处)

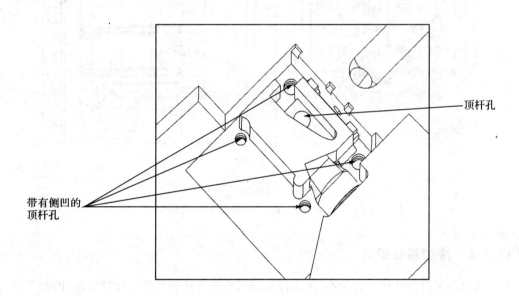

顶杆孔

带有侧凹的
顶杆孔

图 13-50　顶杆分布图

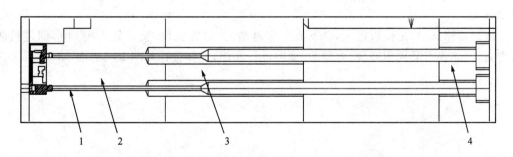

1—阶梯形顶针;2—型芯镶块;3—动模板;4—顶出固定板

图 13-51　顶杆截面图

图 13-52 所示。

此外,为了增加动模板的支承强度,并在推板空间范围设计了六根直径 Φ35mm 的支承柱,目的是加强动模板的强度,可以抵抗塑料熔体对动模板的注射压力,增强模具的寿命,如图 13-52 所示。

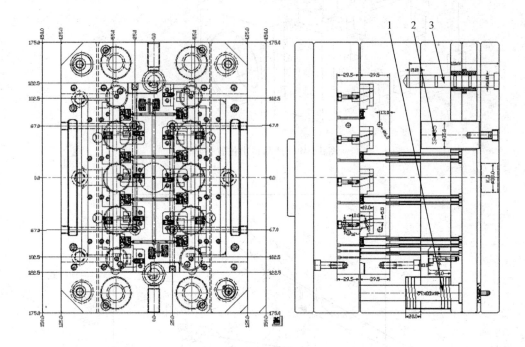

1—复位干(弹簧);2—支承柱;3—推板导柱

图 13-52　模具平面图(详图参见配套教学资源库)

13.3.8　冷却系统设计

由于测量端子的形状尺寸比较小,无法使用隔板冷却等比较复杂的冷却回路,因此端子模具的冷却系统相对比较简单。

该模具在动模、定模两侧分别设计了两条冷却回路,回路采用直通式冷却水道,水道直径 Φ6mm。

冷却回路从动/定模板进入,自下而上穿越型芯/型腔镶块,交界处采用 O 形圈进行防水密封,回路在产品周围环绕,对型芯/型腔进行冷却,具体设计如图 13-53、图 13-54 所示。

冷却水出口   冷却水进口

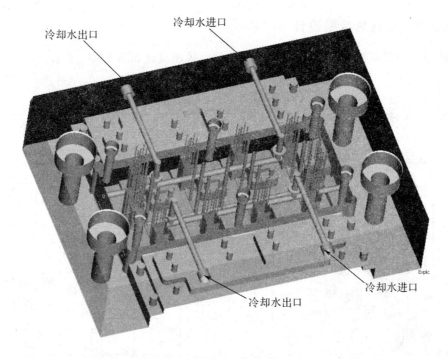

冷却水进口

冷却水出口

图 13-53   动模侧冷却回路透视图

冷却水出口   冷却水进口

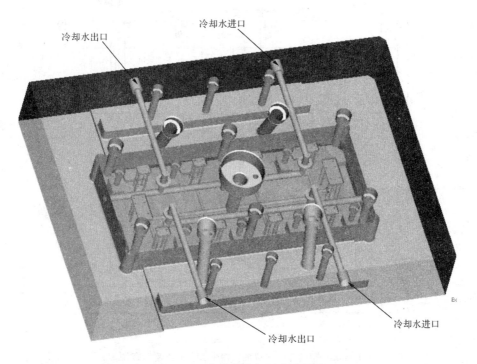

冷却水进口

冷却水出口

图 13-54   定模侧冷却回路透视图

13.3.9 模具总装图设计

在经过各个组成部分的设计后,端子模具的总体图设计如图 13-55 所示。

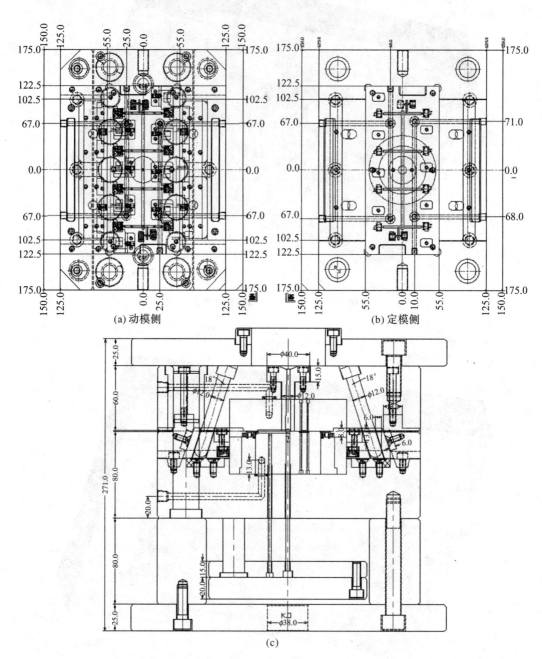

(a) 动模侧　　　(b) 定模侧

(c)

图 13-55　端子模具总装图(详图参见配套教学资源库)

参考文献

[1] 杨永顺.塑料成型工艺与模具设计.北京:机械工业出版社,2011
[2] 李德群,黄志高.塑料注射成型工艺及模具设计(第2版).北京:机械工业出版社,2009
[3] 杨鸣波,黄锐.塑料成型工艺学(第三版).北京:中国轻工业出版社,2014
[4] 周达飞,唐颂超.高分子材料成型加工(第二版).北京:中国轻工业出版社,2006
[5] 周祥兴.工程塑料牌号及生产配方.北京:中国纺织出版社,2008
[6] 梁基照.塑料成型机械优化设计.北京:国防工业出版社,2006
[7] 杨占尧.塑料模具课程设计指导与范例.北京:化学工业出版社,2009
[8] 胡东升.塑料模具设计基础.武汉:武汉大学出版社,2009